“家装设计速通指南 INTERIOR DECORATION DESIGN”

色彩搭配

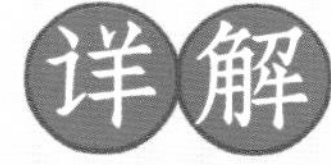

家装设计速通指南编写组 编

机械工业出版社
CHINA MACHINE PRESS

色彩搭配是家装设计的重要环节。本书以基本色彩理论为基础，深入浅出地阐述了色彩对户型环境、不同人群及不同装修风格的影响及运用，通过表达不同的色彩印象来展现色彩在家装设计中的语言与魅力。同时搭配大量精美案例，图文并茂，对经典配色方案详细地进行解析，以简明的语言、清晰的色彩结构为每一位读者提供行之有效的配色方案。本书适合室内设计师及广大装修业主参考使用。

图书在版编目（CIP）数据

家装设计速通指南. 色彩搭配详解 / 家装设计速通指南编写组编. — 北京：机械工业出版社, 2018.7
ISBN 978-7-111-60330-6

Ⅰ. ①家… Ⅱ. ①家… Ⅲ. ①住宅－室内装饰设计－装饰色彩－指南 Ⅳ. ①TU241-62

中国版本图书馆CIP数据核字(2018)第130391号

机械工业出版社（北京市百万庄大街22号 邮政编码 100037）
策划编辑：宋晓磊　　责任编辑：宋晓磊
责任印制：孙　炜　　责任校对：刘时光
北京汇林印务有限公司印刷

2018年7月第1版第1次印刷
184mm×260mm・14印张・190千字
标准书号：ISBN 978-7-111-60330-6
定价：75.00元

凡购本书，如有缺页、倒页、脱页，由本社发行部调换
电话服务　　网络服务
服务咨询热线:010-88361066　　机工官网:www.cmpbook.com
读者购书热线:010-68326294　　机工官博:weibo.com/cmp1952
010-88379203　　金 书 网:www.golden-book.com

教育服务网:www.cmpedu.com

CONTENTS

目 录

CONTENTS

目 录

第 1 章

[家居配色的基础知识]

No.1 色彩的基础知识

色彩属性定义速查档案

色相	色相是色彩的首要特征，是色彩所呈现出来的质的面貌。除了黑、白、灰，其他的所有颜色都有色相的属性，自然中的色相都是由红、黄、蓝三原色演化而来的
饱和度	饱和度又称纯度或彩度，指色彩的鲜艳程度。在家居配色中，饱和度高的颜色给人感觉活泼，加入白色调和则让人觉得柔和，加入黑色调和可让人感觉沉稳
明度	明度是指色彩的明亮程度，明度越高的色彩越明亮，明度越低的色彩越暗淡。色彩的明度变化往往会影响到饱和度，如红色加入黑色后明度降低了，同时饱和度也降低了;如果红色加入白色则明度提高了，饱和度却降低了

色彩的三种属性

色相、明度、饱和度是色彩的三种属性。它们互相依存、互相制约，很难截然分开；其中任意一个属性的改变，都将导致色彩个性的变化；但它们又互相区别，拥有独立意义，因此从概念上要严格分开。

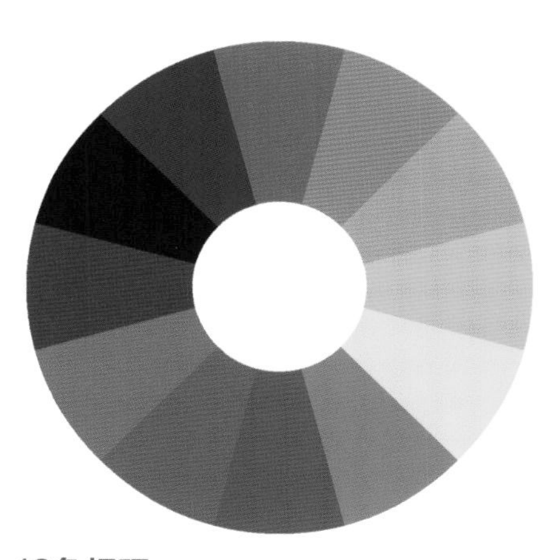

12色相环

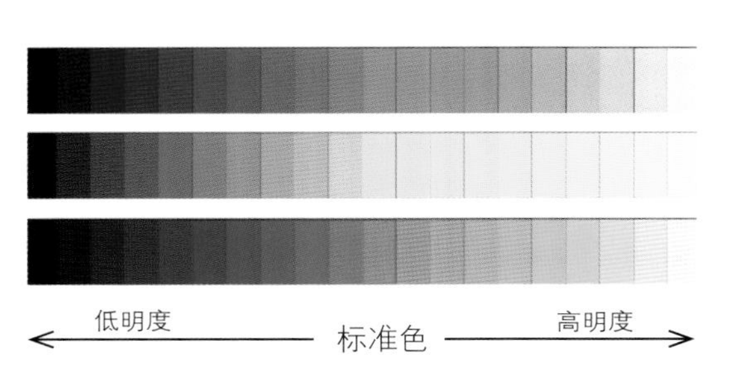

明度变化示意图

饱和度变化示意图

暖色系

在色环中，红、橙一边的色相被称为暖色。出于人们的心理和感情联想，暖色会使人联想到太阳、火焰、热血、愉快、明亮等，因此给人们一种温暖、热烈、活跃的感觉。

配色设计说明： 暖色给空间营造出热闹、愉快的氛围，也彰显了个人品位。

冷色系

冷色系给人一种安静、沉稳、踏实的感觉，能够营造出宁静安详的家居氛围。冷色系主要包括青、蓝、绿、蓝紫等色彩。

无彩色系

无彩色系是指白色、黑色和由白色黑色调合形成的各种深浅不同的灰色。按照一定的变化规律，可以排成一个系列，由白色渐变到浅灰、中灰、深灰再到黑色，这个系列被称为黑白系列。

有彩色系

有彩色系简称彩色系，彩色是指红、橙、黄、绿、青、蓝、紫等颜色。不同明度和纯度的红、橙、黄、绿、青、蓝、紫色调都属于有彩色系。

色彩运用

主题色：■

背景色：□ ■

辅助色：■

点缀色：■ ■ ■ ■

配色设计说明：明亮的色彩点缀出一个活泼、清爽的空间氛围。

中性色

中性色是介于红、黄、蓝之间的颜色，不属于冷色系，也不属于暖色系。以黑、白、灰三色为例，它们既是无彩色，同时也是最常用到的中性色。黑、白、灰这三种中性色能与任何色彩搭配和谐、缓解的效果。没有冷暖偏向，在与暖色调或冷色调搭配时不会感到冲突；此外，紫色与绿色在一定程度上也属于中性色，它们没有明确的冷暖偏向。

色彩运用

主题色：□

背景色：□ ■ ■

辅助色：□ ■

点缀色：■ ■ □

配色设计说明：暗紫色的运用装扮出一个相对安静、沉稳的空间氛围。

近似色

近似色是指同类别色彩或相近的不同类别的色彩，如橙黄和橙红、橙红和紫红。此外，不同类别但明度相近的冷暖色彩也称为近似色，如淡绿和湖蓝、群青和紫色、曙红和紫罗兰等。在24色的色相环中，黄色和绿色、黄绿和蓝绿、蓝色和绿色、蓝色和紫色都属于近似色。

色彩运用

主题色：

背景色：

辅助色：

点缀色：

配色设计说明：黄色与绿色、绿色与蓝色的布艺装饰，为整个空间营造出一个热闹又不失韵律感的色彩氛围。

互补色

在色环上处于180° 直线上的颜色就被称为互补色。常见的互补色有红色与绿色、蓝色与橙色、紫色与黄色。互补色并列时，会产生强烈的对比，会感到红色更红、绿色更绿。

配色设计说明：床品与墙面挂件的颜色形成互补，活跃了空间的色彩基调，营造出一个典雅、温馨的空间氛围。

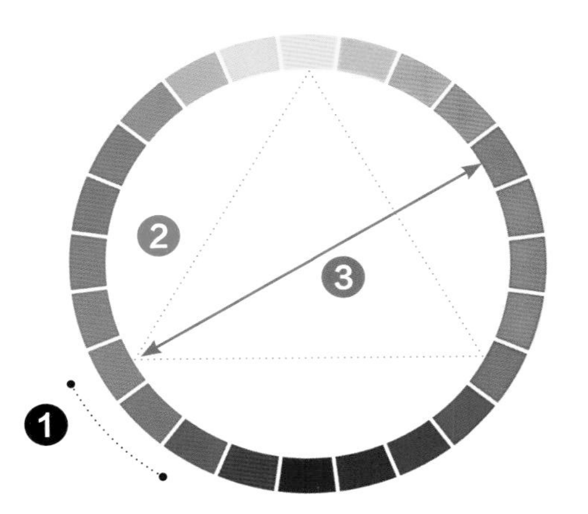

色相关系示意图（以蓝色为基色）

1.近似色（两个临近的颜色为近似色）

2.对比色

3.互补色

4.同相型

对比色

通俗地说，对比色就是将两种可以明显区分的色彩搭配在一起，包括色相对比、明度对比、饱和度对比、互补对比等。利用对比色是构成明显色彩效果的重要手段，也是赋予色彩表现力的重要方法。比如黄和蓝、紫和绿、红和青，任何色彩和黑、白、灰都是对比关系，此外深色和浅色、冷色和暖色、亮色和暗色都是对比的关系。

色彩运用

主题色：■

背景色：□ ■

辅助色：■

点缀色：■ ■ □ ■

配色设计说明： 红色与黑、白两色的对比，为整个用餐空间增添了一份喜悦与明快的感觉。

同相型

同相型是指在同一个色相中，通过变化明度和饱和度而得到的一系列颜色，也可称为同色系。例如深绿、中绿、草绿、淡绿等，它们都属于绿色系，只是明度与饱和度不同。

色彩运用

主题色：■ □

背景色：□ ■ ■

辅助色：■

点缀色：■ □ □

配色设计说明： 不同饱和度的绿色，让整个空间的色彩更有节奏感与整体感。

前进色

通常来讲，暖色调的颜色属于前进色。看起来向上突出的颜色被称为前进色，主要为高明度、低饱和度的暖色，它们在视觉上有向前进的感觉，包括粉色、太阳橙、黄色等暖色。

色彩运用

主题色：

背景色：

辅助色：

点缀色：

配色设计说明： 明亮的暖色布艺沙发，既丰富了整个空间的色彩情绪，也让大空间布局显得更加紧凑。

后退色

与前进色相对应的是后退色，低饱和度、高明度的冷色有后退的感觉，被称为后退色。后退色包括蓝色和蓝紫色等冷色。

配色设计说明： 面积不大的卧室空间，运用淡蓝色的背景墙面，在视觉上使其产生后退感，也为卧室提供了一个安静的空间氛围。

No.2 室内色彩构成的基本原则

原则一

形式和色彩服从功能。室内色彩的构成必须充分考虑功能要求，首先应认真分析每一空间的使用性质，如儿童居室与起居室、老年人的居室与新婚夫妇的居室，由于使用对象不同或使用功能有明显区别，空间色彩的设计就必须有所区别。

色彩运用

主题色：

背景色：

辅助色：

点缀色：

配色设计说明：餐厅和客厅一体的空间内，色彩的搭配应彼此呼应或延续，白色的运用让空间更有整体感，更加简洁。

色彩运用

主题色：

背景色：

辅助色：

点缀色：

原则二

力求符合空间构图需要，充分发挥室内色彩对空间的美化作用。首先要正确处理主色调与背景色的关系。其次要处理好色彩的统一与变化的关系。有统一而无变化，就会达不到美的效果，因此，要求在统一的基础上求变化，这样容易取得良好的效果。此外，室内色彩设计要体现稳定感、韵律感和节奏感。为了达到空间色彩的稳定感，常采用上轻下重的色彩关系。室内色彩的起伏变化，应形成一定的韵律感和节奏感，注重色彩的规律性，切忌杂乱无章。

色彩运用

主题色：

背景色：

辅助色：

点缀色：

配色设计说明：淡淡的鹅黄色作为餐厅的背景色，营造出一个温馨的用餐空间，其他彩色元素的运用则让空间的色彩更加丰富。

配色设计说明：以蓝色作为沙发墙的背景色，在木色与深棕色的搭配下，给人一种安定且轻松的感觉。

色彩运用

主题色：

背景色：

辅助色：

点缀色：

色彩运用

主题色：

背景色：

辅助色：

点缀色：

原则三

利用室内色彩，改善空间效果。充分利用色彩的物理性能和色彩对人心理的影响，可在一定程度上改变空间尺度、比例、分隔、渗透空间，改善空间效果。

色彩运用

主题色：

背景色：

辅助色：

点缀色：

配色设计说明：卧室的背景色运用淡淡的蓝色，给人营造出一种宁静、安逸的空间氛围。

色彩运用

主题色：

背景色：

辅助色：

点缀色：

配色设计说明：整个空间以暗暖色作为背景色，营造的氛围略显沉稳，凸显出一种属于古典风格的厚重感。

色彩运用

主题色：

背景色：

辅助色：

点缀色：

No.3 室内色彩的基本角色分配

主题色

一般来说，主题色在室内的比例面积不一定最大，却往往是视觉中心，具有重要的影响力，如电视墙、床头墙、大型家具等。建议挑选主题色时，可以在参照居室风格与背景色后，或以鲜明、灵动的突出效果，或以和谐、稳重的兼容境界为依据，使主题色的作用得以彰显。

配色设计说明：以灰绿为主题色的空间内，浅淡的背景色使其更加突出，也让空间显得更加和谐、舒适。

色彩运用

主题色：

背景色：

辅助色：

点缀色：

色彩运用

主题色：

背景色：

辅助色：

点缀色：

配色设计说明：以大象灰为待客空间的主题色，给人一种坚定、结实的厚重感。

辅助色

同一空间内不会只有一种颜色，所以与主题色相辅相成、用来丰富空间意境的其他颜色就被称为辅助色。其视觉重要性和面积次于主题色，常用于陪衬主题色，使主题色更加突出。通常是体积较小的家具，如短沙发、椅子、茶几、床头柜等。搭配原则要尽量与主题色在明度、饱和度或色相上有明显差异。同时面积比例也不要高于主题色，可以多挑选跳色进行对比，突显主题色的存在感与分量，让空间色彩有主有辅，风格营造更加生动、有趣。

色彩运用

主题色：

背景色：

辅助色：

点缀色：

配色设计说明：色彩厚重的深棕色箱式茶几突出了布艺沙发的温暖与舒适，也让空间更加稳重。

色彩运用

主题色：

背景色：

辅助色：

点缀色：

配色设计说明：木色茶几与蓝色沙发的鲜明对比，让整个空间的主题更加明确，空间基调更加明快。

色彩运用

主题色：

背景色：

辅助色：

点缀色：

背景色

背景色常指室内的墙面、地面、顶棚等面积大的色彩。它们构成了室内陈设（家具、饰品等）的背景色，是决定空间整体配色印象的重要角色。在运用上，首先应参照整体风格喜好，尽量使用柔和协调的色调，提升空间的亲和度，否则因为自身面积范围较大，用色过于沉重或太突兀，都难以达到美观的目的。以主题色与辅助色为依据，如果想要让空间鲜明有张力，可以选择色相差较大的背景色；如果追求平和低调，则可搭配色相差较小的背景色。

色彩运用

主题色：

背景色：

辅助色：

点缀色：

配色设计说明：地板的深色与沙发的浅色形成鲜明的对比，让空间的色彩搭配更有张力。

色彩运用

主题色：

背景色：

辅助色：

点缀色：

色彩运用

主题色：

背景色：

辅助色：

点缀色：

配色设计说明：浅色调的吊顶与地面，弱化了两侧背景墙的沉稳感，让整个空间的配色更加明快。

点缀色

顾名思义，点缀色比起主题色与辅助色，所占的面积比较小，通常是指抱枕、地毯、花盆、灯具或装饰画等局部点缀的装饰物品的颜色。在使用目的上，主要是烘托空间的活力，避免单调，所以在选色上尽量不要与主题色、背景色过于接近，最好能够避开同一色相，选择饱和度高或明度高的对比色，才能提升点缀色的存在感。另外，不要扩大点缀色的面积比例，最好与辅助色相当，才能更好地达到视觉效果鲜明持久的目的，从而起到画龙点睛的作用。

色彩运用

主题色：■

背景色：□ ■

辅助色：■

点缀色：□ ■ ■

配色设计说明：在抱枕、床品、花卉、装饰画的点缀下，卧室的整体色彩形成对比，缓解了单一色调带来的单调、乏味。

色彩运用

主题色：■

背景色：□ ■

辅助色：■

点缀色：■ ■ ■ ■ □

居室色彩角色速查

	属　性	作　用	选色技巧
背景色	居室内面积最大的颜色，包括地面、墙面、顶棚及大面积的隔断等的颜色	决定整个空间印象的重要角色	要迎合整个空间风格；尽量柔和协调，因为使用面积较大，不宜选用过于沉闷的深色调
主题色	占据空间主要位置的颜色，如电视墙、卧室墙，以及大型家具如沙发、床等的颜色	突出整个空间特点的视觉中心	营造稳定的空间氛围，可以选择背景色的同色相或近似色；若空间效果活泼，可以选择背景色的对比色或互补色
辅助色	使用面积小于主题色与背景色，常见的辅助色为小型家具的颜色，如短沙发、茶几、床头柜等	围绕在主题色周围，通过对主题色的烘托，来增添层次感	选色时要与主题色形成一些差异
点缀色	使用面积最小的颜色，通常为一些小型装饰元素的颜色，如抱枕、灯具、工艺品、装饰画、植物等	活跃整体空间氛围	色彩可以比较显眼

色彩运用

主题色：

背景色：

辅助色：

点缀色：

配色设计说明：整个待客区域的色彩略显沉稳，通过书籍、饰品、抱枕、花草、水果等元素的点缀，让整个空间显得愉悦、活泼。

No.4 室内色彩的基本搭配法则

室内基本色调速查

同色调	合理的同色调搭配可以使居室氛围和谐又不乏张力
深色调	合理的深色调搭配可以使居室氛围宁静、内敛，又不会显得沉闷
浅色调	浅色调更多运用于背景色
多色调	儿童和年轻人的专属配色，活跃、张扬，富有个性

色彩运用

主题色：

背景色：

辅助色：

点缀色：

配色设计说明：驼色与绿色的搭配，给人一种温暖和缅怀的感觉，加上地板与书桌的棕色，古典气质油然而生。

色彩运用

主题色：

背景色：

辅助色：

点缀色：

同色调搭配法

同色调的搭配手法能够体现出空间的干净、简单、和谐。整体色彩搭配比较简单，但是有别于一种颜色从头到尾的无趣单调。同色调是通过同一色相的相近色，或不同深浅明度的变化，让空间在视觉上达到统一、和谐，并具有微妙的层次变化。

色彩运用

主题色：

背景色：

辅助色：

点缀色：

配色设计说明：卧室的背景色与主题色同为蓝色，通过不同材质的体现，让色彩更加和谐，更有层次感。

色彩运用

主题色：

背景色：

辅助色：

点缀色：

色彩运用

主题色：

背景色：

辅助色：

点缀色：

配色设计说明：卧室中床与床头墙的颜色相同，在床品、工艺品的点缀下，整个卧室的配色和谐、舒适，给人一种安逸祥和的感觉。

主题色的重复运用

同色调的搭配空间中，以主题色的重复运用效果最为鲜明，可以轻而易举地达到强化视觉的目的。可以将单一的主题色应用于墙壁、柜子、饰品等处，控制不同比例的面积；也可以采用主题色的深浅变化作为搭配，丰富视觉层次。

色彩运用

主题色：■

背景色：□ ■

辅助色：■

点缀色：□ ■ ■ ■

配色设计说明：红色的重复运用，营造出一个热闹、活泼的用餐空间，也让整个餐厅的色彩搭配更加有张力。

色彩运用

主题色：■

背景色：□ ■

辅助色：■

点缀色：■ ■ ■ □

色彩运用

主题色：■

背景色：□ ■

辅助色：■

点缀色：■ □

运用主题色的凝聚力

在进行室内配色前，应选定风格与其相符的主题色，将主题色应用在空间的主题墙面上，如电视墙、沙发墙、卧室背景墙等，借用主题色来达到凝聚空间视觉的作用。再通过主题色的深浅和材质的变化，让人感觉到同色调主题色的层次变化。

色彩运用

主题色：

背景色：

辅助色：

点缀色：

色彩运用

主题色：

背景色：

辅助色：

点缀色：

色彩运用

主题色：

背景色：

辅助色：

点缀色：

配色设计说明：红色的书桌椅是书房的主角，同样的色彩也体现在窗帘和护墙板上，使整个空间的色彩更加有凝聚力。

通过主题色的面积比例营造层次

在同色调的配色空间中，如果想要大幅度提升空间色彩层次，可以通过提高主题色的色彩弹性来实现。通过面积大小的比例、高度的落差、不同材质的差异、色彩明度的深浅等变化，来达到营造层次的目的。

色彩运用

主题色：

背景色：

辅助色：

点缀色：

色彩运用

主题色：

背景色：

辅助色：

点缀色：

色彩运用

主题色：

背景色：

辅助色：

点缀色：

配色设计说明：卧室中床与床尾凳是整个空间色彩搭配的中心，略显沉稳，却使卧室的色彩基调更加稳重。

相近色的局部使用

将相近色使用在局部装饰上，如抱枕、窗帘、床品等处，以此可以更加有效地衬托出主题色，同时要注意局部色彩的明度和亮度需保持好，落差对比不要太过强烈，否则会导致颜色过多，从而失去同色调应有的和谐感。

色彩运用

主题色：

背景色：

辅助色：

点缀色：

色彩运用

主题色：

背景色：

辅助色：

点缀色：

配色设计说明：床品、地毯、窗帘等元素的色彩相辅相成，营造出一个和谐又有整体感的卧室空间。

色彩运用

主题色：

背景色：

辅助色：

点缀色：

多色调搭配法

因为多色调是以丰富、多彩为主要特点，一般用于儿童房的配色。多采用色彩之间的对比、呼应等手法来进行搭配，以达到鲜明、热闹的感觉。

色彩运用

主题色：

背景色：

辅助色：

点缀色：

配色设计说明：床品、花卉、摆件等斑斓的色彩，给人一种活跃、欢快的感觉，也凸显了儿童天真烂漫的本性。

色彩运用

主题色：

背景色：

辅助色：

点缀色：

色彩运用

主题色：

背景色：

辅助色：

点缀色：

主题色的选择要点

进行多色调配色时，同一空间内的颜色不要超过3种，主题色不宜选择过于鲜艳、刺眼的颜色。要注重整体空间的和谐感。搭配的颜色最好不要一种颜色过于抢眼，而另一种颜色又十分沉稳，最好在明度与饱和度上相互协调，以确保颜色的秩序美。

配色设计说明： 以蓝色作为卧室的主题色，更能营造出一个宁静、安逸的空间氛围，淡淡的蓝色再搭配木质家具，让空间显得沉稳又舒适。

色彩运用

主题色：

背景色：

辅助色：

点缀色：

色彩运用

主题色：

背景色：

辅助色：

点缀色：

色彩运用

主题色：

背景色：

辅助色：

点缀色：

配色设计说明： 小空间的客厅中，以浅淡的米色作为主题色，自然舒适，让人感觉更加安定、祥和。

多色调的点缀使用

多色调空间的用色不必一味求多，也能将颜色搭配出趣味。可以通过将色彩运用在小家具、家居饰品、布艺抱枕等元素上，因为它们的大小、造型、材质都不同，再通过不同颜色的衬托，便可以很好地营造出丰富、热闹、有趣的空间氛围。

色彩运用

主题色：

背景色：

辅助色：

点缀色：

配色设计说明：装饰画、床品、地毯等元素的色彩多样，让卧室的色彩层次更加明快，营造出一个丰富又不失安稳的睡眠空间。

色彩运用

主题色：

背景色：

辅助色：

点缀色：

色彩运用

主题色：

背景色：

辅助色：

点缀色：

深色调搭配法

深色调搭配法是一个能够营造宁静、内敛等空间氛围的配色方法。因为深色的明度低、饱和度高，能够很好地降低空间的视觉干扰，从而得到低调、稳重的空间氛围。

色彩运用

主题色：

背景色：

辅助色：

点缀色：

色彩运用

主题色：

背景色：

辅助色：

点缀色：

配色设计说明：茶色、焦糖色、棕色等暗暖色的运用，使整个卧室都展现出传统、厚重的感觉。

色彩运用

主题色：

背景色：

辅助色：

点缀色：

留白让深色调空间更有活力

深色调空间配色的主题色大多会选择低明度、高饱和度的颜色，很容易给人带来压抑感，因此可以在搭配上进行适当留白处理，一来白色可以与任何颜色产生对比，从而增添空间活力；二来可以让视线更容易凝聚在深色调上。

色彩运用

主题色：

背景色：

辅助色：

点缀色：

色彩运用

主题色：

背景色：

辅助色：

点缀色：

配色设计说明：沙发与吊顶的白色，与空间中其他元素的色彩形成对比，让古典风格空间多了一份明快的感觉。

色彩运用

主题色：

背景色：

辅助色：

点缀色：

深浅过渡避免压抑感

大量的深色很容易让人产生压抑感，可以通过调整颜色的深浅来缓解过多深色带来的尴尬局面。如沙发采用深色调，沙发的背景墙面便可以选择较浅的深色调或同一颜色明度相对高一些的，来进行搭配，形成前深后浅的色彩落差感，便能有效缓解压抑感。

色彩运用

主题色：

背景色：

辅助色：

点缀色：

配色设计说明：沙发背景色的深浅搭配与家具相得益彰，让整个空间的色彩搭配有一定的层次感，也缓解了深色带来的压抑感。

色彩运用

主题色：

背景色：

辅助色：

点缀色：

配色设计说明：前深后浅的色彩搭配，让空间的色彩更有层次，让整个空间的配色更加明快。

借助材质的特点提升深色调的层次感

要想提升深色调的配色层次，除了可以借助色彩的深浅变化，还可以通过不同的材料搭配来实现。如石材与木饰面板、布艺、壁纸等装饰材料，由于它们的性质不同，所呈现的色彩也不尽相同，可以将不同材质拼贴在一起，利用它们表面的微妙变化来达到丰富色彩层次的效果。

色彩运用

主题色：

背景色：

辅助色：

点缀色：

配色设计说明： 同样的深灰色运用于沙发与墙面，通过两种冷暖材质来体现色彩的层次，使整个空间给人一种坚实、稳重的感觉。

色彩运用

主题色：

背景色：

辅助色：

点缀色：

配色设计说明： 电视墙的背景色与电视柜、茶几的颜色一致，体现了空间色彩搭配的整体感与层次感。

色彩运用

主题色：

背景色：

辅助色：

点缀色：

淡色调搭配法

淡色调的明度较高、饱和度较低，更能营造出清爽、自然、明亮的空间氛围。比较适合小空间的居室配色使用。在风格上以北欧、现代、田园、日式等风格最为常见。

色彩运用

主题色：

背景色：

辅助色：

点缀色：

配色设计说明：浅淡的客厅配色，让整个空间给人一种清新、明亮的感觉，适当的深色则为空间增添了一份稳重感。

色彩运用

主题色：

背景色：

辅助色：

点缀色：

色彩运用

主题色：

背景色：

辅助色：

点缀色：

吊顶与地面的最佳选色

要想营造出清爽、明亮、自然的空间氛围，吊顶与地面的颜色最好都选用浅色。因为一旦有深色调出现，并占有一定的面积，便会显得过于沉闷，很容易打破淡色调简单、清爽、自然的特点。同时为避免大面积淡色调带来的单调感，可以通过调整微色差来提升空间的色彩层次。

色彩运用

主题色：

背景色：

辅助色：

点缀色：

配色设计说明： 吊顶与地面的浅色，让空间的基调更加整洁、明亮，展现出现代风格的配色特点。

色彩运用

主题色：

背景色：

辅助色：

点缀色：

色彩运用

主题色：

背景色：

辅助色：

点缀色：

对比色调搭配法

色彩的对比，主要指色彩的冷暖对比。分为冷色调和暖色调两大类。红、橙、黄为暖色调，青、蓝、紫为冷色调，绿为中间色调，不冷也不暖。色彩对比的规律是：在暖色调的环境中，冷色调的主体醒目，在冷色调的环境中，暖色调的主体最突出。色彩对比除了冷暖对比之外，还有色相对比、明度对比、饱和度对比等。

色彩运用

主题色：

背景色：

辅助色：

点缀色：

配色设计说明：蓝色与黄色的对比，让整个空间充满活力，也让配色更有层次，更显张力。

色彩运用

主题色：

背景色：

辅助色：

点缀色：

色彩运用

主题色：

背景色：

辅助色：

点缀色：

对比色配色的主次之分

运用对比色配色时，对色彩使用面积的控制尤为重要。要使两种颜色形成完美的对比平衡效果，可以放大其中一种颜色的使用面积，缩小另一种颜色的使用面积。如果两种颜色运用量相同，那么对比效果会过于强烈。比如在同一空间里，红色与绿色占有同样的面积，则会令人感到不适。可以选择其中的一个颜色作为主色调，大面积地使用，而另一颜色为小面积的对比色。两种颜色在面积上的比例不能小于5：1，必须让配色形成明确的色相基调，只有形成了明确的色相基调的配色，才能完美地表达出色彩的美感。

色彩运用

主题色：

背景色：

辅助色：

点缀色：

色彩运用

主题色：

背景色：

辅助色：

点缀色：

配色设计说明： 卧室中对比色的运用不宜太过张扬，小面积的颜色对比能增添活力，又不会显得过于夸张，影响睡眠。

色彩运用

主题色：

背景色：

辅助色：

点缀色：

对比色的协调度

空间如果有两种以上的颜色，就要考虑颜色彼此之间的协调性，包括明度、亮度、色温、饱和度与面积比例，确保最终呈现的效果能够迎合风格演绎。一般来说，3种以上的色彩，可以全部为同一色相、同一饱和度，营造简约感；也可以两种颜色为同色相，搭配一种对比色，展现视觉活力；或者大面积铺设的背景色与主题色为同色相，以多种对比色进行局部点缀，让空间表现是自由、丰富又快乐的，而非混乱、没有秩序的。

色彩运用

主题色：

背景色：

辅助色：

点缀色：

色彩运用

主题色：

背景色：

辅助色：

点缀色：

配色设计说明：白色家具、纱帘、台灯与深色墙面的色彩，形成鲜明对比，白色的大面积运用与其他颜色的融入，弱化了对比的强度，让空间色彩更加和谐。

色彩运用

主题色：

背景色：

辅助色：

点缀色：

配色设计说明：淡绿色与红色的对比并不强烈，反而给人带来一种素雅的自然气息。

调和法在对比配色中的运用

调和法是调和色彩的明度与饱和度，通过对它们的调和来达到更加理想的配色效果。

1.明度调和：在使用对比配色时，可以选择明暗度相似的对比颜色构成配色，比如：明亮的红色与明亮的绿色相配，深暗的红色与深暗的绿色相配，这样的配色效果丰富而柔和，在视觉上更加平衡。

2.饱和度调和：使用饱和度相似的对比颜色构成配色，比如：低饱和度的红色与低饱和度的绿色相配，这样的颜色效果富有变化，又充满韵味。

色彩运用

主题色：

背景色：

辅助色：

点缀色：

配色设计说明：低明度的暗暖色与蓝色形成对比，使整个空间的基调更有韵味，更加沉稳。

色彩运用

主题色：

背景色：

辅助色：

点缀色：

色彩运用

主题色：

背景色：

辅助色：

点缀色：

配色设计说明：蓝色与白色的搭配，带来明快的舒适感，在素色壁纸的调和下使空间更显温馨。

削弱法在对比配色中的运用

削弱法是通过加大对立色相的明度或饱和度的距离，起到减弱色彩矛盾的作用，来达到增强画面的成熟感和协调感。例如灰蓝与橙色、粉红色与墨绿色，这两种配色稳重而不失活泼，朴素而不失秀美。

色彩运用

主题色：

背景色：

辅助色：

点缀色：

配色设计说明：软装抱枕与大沙发的颜色让空间的色彩基调更加明朗，整个空间的氛围既活泼又不失朴素。

配色设计说明：减少两种对比色的用色面积，为略显古朴的空间基调增添了一份活跃感，也让整个空间的配色更有张力。

色彩运用

主题色：

背景色：

辅助色：

点缀色：

无彩色系在对比配色中的作用

将无彩色系用在鲜艳的对比搭配配色中，能够起到很好的点缀作用。因为黑、白、灰这三种颜色是很经典的调节色，它们能使原本对立的色相形成视觉上的缓冲感。同时还可以增强对比色的鲜艳度，使配色效果更加鲜明、生动。

色彩运用

主题色：

背景色：

辅助色：

点缀色：

配色设计说明： 适量的黑、白、灰三种颜色让整个空间的基调更加明朗，与小面积的色彩所形成的对比也更加柔和。

色彩运用

主题色：

背景色：

辅助色：

点缀色：

色彩运用

主题色：

背景色：

辅助色：

点缀色：

第 2 章

色彩对居室环境的影响

No.1 色彩对空间布局的影响

常用空间布局用色速查

空间布局	用色技巧提示
空旷型居室	红色、黄色、粉红色等前进色可以使空旷的房间显得更加紧凑
紧凑型居室	浅蓝色、浅绿色等后退色可以使小面积的空间看起来更加宽敞，十分适合小空间使用
狭长型空间	宜选用收缩色（大多数冷色都属于收缩色，与后退色的区别在于收缩色为低饱和度、低明度的冷色），可以在视觉上缩短狭长型空间的距离感，如藏蓝色、蓝绿色、灰蓝色等
低矮型空间	宜选用浅色作为吊顶的颜色、深色用于地面，使颜色上轻下重，起到视觉延伸的作用，使房间的高度在视觉上得到提升。如吊顶用白色、浅米白等
南向房间	深色调、中性色或冷色适合用于日照充足的房间，如大象灰、灰蓝色等
北向房间	明度较高的暖色适用于没有光照的房间，如暖黄色、淡橙色、淡紫色等
东向房间	东向房间的光照变化较大，可以采取深浅两种颜色搭配使用
西向房间	冷色调及深色可以有效缓解西晒的困扰，如蓝色、绿色等

色彩运用

主题色：

背景色：

辅助色：

点缀色：

色彩对空间大小的调节

利用色彩本身的明度、饱和度进行搭配调整，可以很好地在视觉上达到放大或缩小空间的作用。如果居室空间比较宽敞，家具及陈设可以采用膨胀色，使空间具有一定的充实感；如果空间较狭窄，家具及陈设可采用收缩色，使空间在视觉上具有宽敞的感觉。

色彩运用

主题色：

背景色：

辅助色：

点缀色：

色彩运用

主题色：

背景色：

辅助色：

点缀色：

色彩运用

主题色：

背景色：

辅助色：

点缀色：

配色设计说明：吊顶、地面、沙发墙与窗帘等处都选用高明度的颜色进行装饰，增强了房间的深度感，让整个客厅显得更加明亮。

色彩对空间高低的调节

除了房屋面积的大小不同，空间的结构高低也是不同的。如层高太低，容易产生压迫感。而层高太高，又会觉得太过轻浮。想要适当地进行调整，可以充分利用色彩明度这一属性，把握好高明度轻与低明度重的这一原则，也就是说深色给人下坠感，浅色则能给人带来上升感。如果层高过高，吊顶可以采用重色，地面采用轻色；空间较低时，吊顶采用轻色，地面采用重色。

配色设计说明：低矮的空间内，吊顶的浅色，使整个空间在视觉上增添了一定的高度。

色彩运用

主题色：

背景色：

辅助色：

点缀色：

色彩运用

主题色：

背景色：

辅助色：

点缀色：

色彩运用

主题色：

背景色：

辅助色：

点缀色：

色彩与自然光线的互补

不同朝向的房间，会有不同的自然光照，在不同强度的光照下，相同的色彩会呈现出不同的感觉。因此，在进行色彩选择时，可以利用色彩的反射率，来改善空间的光照缺陷。例如：朝东的房间，一天中光线的变化大，与光照相对应的部位，宜采用吸光率高的颜色。深色的吸光率都比较高，不同色温折射在不同颜色的材料上，会产生不同的色彩变化。材料的明度越高，越容易反射光线；明度越低，越容易吸收光线。而北面的房间显得阴暗，可以采用明度高的暖色。南面的房间，光照充足，显得明亮，可以采用中性和冷色相。

配色设计说明：采光好的空间内，冷色及中性色的运用，让整个空间更加舒适。

色彩运用

主题色：

背景色：

辅助色：

点缀色：

色彩运用

主题色：

背景色：

辅助色：

点缀色：

色彩运用

主题色：

背景色：

辅助色：

点缀色：

色彩对居室冷暖的调解

对不同的气候条件，运用不同的色彩也可在一定程度上改变环境气氛。在严寒的北方，人们希望温暖，室内墙壁、地板、家具、窗帘选用暖色装饰会有温暖的感觉。在夏天，南方气候炎热潮湿，采用青、绿、蓝等冷色装饰居室，感觉上会比较凉爽些。

色彩运用

主题色：■

背景色：□ ■

辅助色：■

点缀色：□ ■ ■ ■

配色设计说明：暗暖色的背景色与陈设，使整个空间的基调更加沉稳，同时给人带来温暖的感觉。

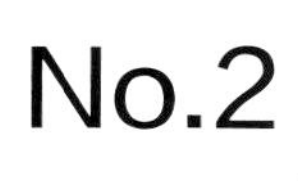

No.2 色彩对空间氛围的渲染

不同居室氛围用色速查

空间布局	用色技巧提示
热闹	饱和度高的颜色，如明黄色、绿色、橙色、红色等
安静	适合使用同色调配色手法，同时宜选用冷色
成熟	不同深浅度的灰色、棕色等颜色可以使空间更加稳重、成熟
童趣	蓝色、绿色、黄色、红色、橙色等明快的颜色适用于装扮儿童空间
健康	高明度、高饱和度的自然色，如柠檬黄、嫩绿、紫色等
清新	白色、黄色、绿色与自然的浅色可以营造出一个清新淡雅的空间氛围
沉稳	大地色系与黑灰色可使空间氛围更加沉稳，常见的大地色系有咖啡色、棕色、麦色、巧克力色等

色彩运用

主题色：

背景色：

辅助色：

点缀色：

热闹的空间氛围

家居中汇聚着不同的生活情感，有时需要热闹，有时需要安静。作为接待亲友聚会的客厅、餐厅，可以运用饱和度高的颜色，或者选用多色调配色来装点空间，达到活跃气氛的目的。

色彩运用

主题色：

背景色：

辅助色：

点缀色：

配色设计说明：抱枕、窗帘、灯饰及地毯等元素的丰富色彩，使整个空间给人一种热闹、活泼的感觉。

色彩运用

主题色：

背景色：

辅助色：

点缀色：

色彩运用

主题色：

背景色：

辅助色：

点缀色：

配色设计说明：鲜艳的黄色单人沙发与花色抱枕，点缀出一个十分明朗、充满活力的氛围，加上蓝色的背景墙，互补色的组合使配色更具有开放的感觉。

安静的空间氛围

通常来讲，书房与卧室是要求安静的空间，在色彩搭配上可以采用同一色相、色彩差异适中的相近色，在统一调性的同时添加细微的变化。如背景色与主题色同为自然清新的绿色系，可以一个是深绿，一个是橄榄绿，以此来强化空间的张力。再如橘色与黄色、蓝绿色与紫色等近似色，它们的色温感相同，但差异略微明显，则有助于营造无束缚感的和谐氛围。

色彩运用

主题色：

背景色：

辅助色：

点缀色：

配色设计说明：橄榄绿的背景色为书房空间营造出一个安静、沉稳的氛围基调，暗暖色的运用则表现出一种理性美，使人感到平静。

成熟的空间氛围

青年夫妇使用的空间，宜以粉色、橙色、淡蓝色为主，可以使室内气氛既柔和又轻松。老年人使用的空间，应以中性色为主，颜色不要太强烈，也不要太压抑，色彩不要杂乱，主要用一些温柔、沉静的色调，能起到舒畅性情的作用。

色彩运用

主题色：

背景色：

辅助色：

点缀色：

配色设计说明： 暗暖色和中性色的搭配，表达出一种凝重、坚实的空间印象，给人一种既有活力又不失典雅的感觉。

色彩运用

主题色：

背景色：

辅助色：

点缀色：

配色设计说明： 茶色与米色、灰色等作为卧室的空间配色，使空间散发出典型的自然美感。

色彩运用

主题色：

背景色：

辅助色：

点缀色：

童趣的空间氛围

使用一些比较鲜艳的色彩作为儿童房的主基调。与家中的其他空间不同，儿童房色彩可以很多，很跳跃。对于大多数学龄前儿童而言，正处在视觉发育期，多接触一些对比强烈的色彩，对于视觉的发育会有很大帮助。

色彩运用

主题色：

背景色：

辅助色：

点缀色：

配色设计说明： 红色、蓝色、白色等颜色相搭配，让整个空间的基调更加欢快、明朗。

色彩运用

主题色：

背景色：

辅助色：

点缀色：

配色设计说明： 以明色调为主的配色空间内，选用蓝色、绿色、黄绿色等进行搭配，营造出活泼的儿童空间氛围。

健康的空间氛围

在进行居室配色时，应尽量选择高明度、高饱和度的自然色系，因为明亮、清爽的颜色会让人产生愉悦感，从健康层面来讲会让人更觉得舒适自在，身心健康。

色彩运用

主题色：

背景色：

辅助色：

点缀色：

配色设计说明：高明度、低饱和度的蓝色搭配白色与米色，让整个空间的基调更加柔和、明亮，给人一种自然、舒适的感觉。

色彩运用

主题色：

背景色：

辅助色：

点缀色：

色彩运用

主题色：

背景色：

辅助色：

点缀色：

清新的空间氛围

白色系、黄色系、绿色系与浅色系都能给人带来一种清新、自然、干净的视觉效果。它们可以使空间看起来更加新颖、漂亮。

配色设计说明：明亮、清爽的卧室配色，使整个卧室产生一种清新、自然、干净的视觉效果。

色彩运用

主题色：

背景色：

辅助色：

点缀色：

配色设计说明：粉色与水蓝色的搭配使整个空间更加柔和，白色的融入则使空间产生自然、清新的视觉效果。

色彩运用

主题色：

背景色：

辅助色：

点缀色：

色彩运用

主题色：

背景色：

辅助色：

点缀色：

沉稳的空间氛围

暗沉的大地色系、黑灰色调与一些深色调的颜色搭配，因为它们的色彩光感度不高，会给人一种沉稳、低调的感觉。即便是新居，也会让人产生一种陈旧的感觉。

色彩运用

主题色：

背景色：

辅助色：

点缀色：

配色设计说明：大地色与黑色的运用，使整个空间的基调更加稳重，也彰显了古典主义的色彩特点。

色彩运用

主题色：

背景色：

辅助色：

点缀色：

配色不当容易使人产生忧郁情绪

相比那些明亮、清爽的颜色，明度低、过于浑浊、单调的居室配色很容易让人情绪低落。长时间处于这样的色彩环境中，很容易让人心情沉闷，萎靡不振，不利于人的身心健康。

色彩运用

主题色：

背景色：

辅助色：

点缀色：

色彩运用

主题色：

背景色：

辅助色：

点缀色：

配色设计说明：灰色与米色的运用使空间的基调沉稳，给人一种睿智、潇洒的感觉。

色彩运用

主题色：

背景色：

辅助色：

点缀色：

配色设计说明：明亮的黄色让空间的色调更加有层次，也打破了整个室内色彩的单调与沉默。

No.3 色彩对空间重心的调整

用低明度色彩稳定高空间重心

通常来讲，房屋的层高过高，会出现整个空间不稳的尴尬局面。在色彩搭配中，明度低的色彩具有更大的重量感，它分布的位置决定了空间的重心。我们可以通过调节空间色彩的明度差来强调空间的重心。比如地面和家具都是高明度色彩，那么可以降低墙面或吊顶颜色的明度，达到上重下轻的效果，这样的搭配既能使空间更具动感，又可以缓解层高过高带来的突兀。

色彩运用

主题色：

背景色：

辅助色：

点缀色：

色彩运用

主题色：

背景色：

辅助色：

点缀色：

配色设计说明：高挑的空间内，吊顶及地面的选色都略显沉稳，让整个空间更有归属感。

配色设计说明：地面的深色调处理使空间的重心更稳，与白色的吊顶搭配，使空间显得更高。

配色设计说明：白色的大面积运用弱化了暗暖色给空间带来的沉闷，也使空间重心更加稳定。

色彩运用

主题色：

背景色：

辅助色：

点缀色：

色彩运用

主题色：

背景色：

辅助色：

点缀色：

小空间的重心调整

对于一些面积较小的空间来讲，通常会运用大量的浅色，以求在视觉上得到宽敞、明亮的感觉。但是如果全部都用浅色，难免会给空间带来轻飘感，可以搭配深色调的家具来强调空间的重心。例如墙面、吊顶甚至地面都是低明度色彩的浅色，家具便可以选择棕色、巧克力色等深色，让整个空间的重心达到稳定的效果。

色彩运用

主题色：

背景色：

辅助色：

点缀色：

配色设计说明： 大面积的白色运用，使小空间显得更加明朗。灰色元素的运用则使空间重心更加稳定。

色彩运用

主题色：

背景色：

辅助色：

点缀色：

配色设计说明： 卧室的主题色与背景色皆为浅色调，深色地板的运用则为空间提供了不可或缺的稳重感。

色彩运用

主题色：

背景色：

辅助色：

点缀色：

色彩运用

主题色：

背景色：

辅助色：

点缀色：

色彩运用

主题色：

背景色：

辅助色：

点缀色：

配色设计说明： 绿色的后退感削弱了小卧室的紧凑感，在视觉上增强了房间的深度感。

色彩运用

主题色：

背景色：

辅助色：

点缀色：

色彩运用

主题色：

背景色：

辅助色：

点缀色：

家具地面同为深色可使空间重心更稳

若想使空间更有稳定感，可以在选色上形成上轻下重的配比，以强调空间的重心。例如墙面与吊顶都为白色或其他浅色调的颜色，家具与地面的颜色则可以选择相对较深的颜色，两者之间可以通过明度变化或材质的变化来体现层次感，这样一来既增强了空间的稳重感，又不失层次感。

色彩运用

主题色：

背景色：

辅助色：

点缀色：

色彩运用

主题色：

背景色：

辅助色：

点缀色：

配色设计说明：地面及大衣柜的颜色同为深色，大大增添了空间的稳重感，浅色调的床品让空间变得开阔。

色彩运用

主题色：

背景色：

辅助色：

点缀色：

色彩运用

主题色：

背景色：

辅助色：

点缀色：

配色设计说明：棕色的主题墙面与地面为空间营造了一个沉稳、安宁的氛围，再搭配浅色的家具，则为空间注入一份活跃的气息。

色彩运用

主题色：

背景色：

辅助色：

点缀色：

配色设计说明：客厅空间利用了低明度色彩的厚重感，使整个空间的重心更加稳定，深色置下，浅色置上，使整体空间的基调更有动感。

色彩运用

主题色：

背景色：

辅助色：

点缀色：

No.4 色彩与装饰材料互动

家居内的装饰材料是决定空间色调的主要因素之一，材料的变化是十分丰富的，通常可分为天然材质、人工材质，冷材质或暖材质。它们可以对颜色产生或明或暗、或冷或暖的影响。

天然材质的色彩表现

天然材质是指非人工合成的装饰材料，常见的有天然木材、天然石材、藤竹等。天然材质的特点是色彩比较细腻，即使是单一材质，其色彩层次感也是很强的。天然材质以棕色、咖啡色、卡其色等大地色居多，可以使空间显得更加朴素、雅致，为空间带来暖意，增强自然气息。

色彩运用

主题色：

背景色：

辅助色：

点缀色：

配色设计说明：天然木质材料的木色虽然略显单薄，但却为空间提供了不可多得的暖意。

色彩运用

主题色：

背景色：

辅助色：

点缀色：

色彩运用

主题色：

背景色：

辅助色：

点缀色：

配色设计说明：大量的木色营造出一个温馨舒适的空间氛围，再搭配金属元素，使空间形成冷暖、深浅的对比。

色彩运用

主题色：

背景色：

辅助色：

点缀色：

色彩运用

主题色：

背景色：

辅助色：

点缀色：

人工材质的色彩表现

人工材质的色彩比较鲜艳，但是装饰效果却偏冷。通常来讲，居室内的人工材质运用得越多，装饰效果就会越时尚。同时人工材质的层次感比较薄弱，单一材质会使整个空间的色彩显得比较单一，最好是与天然材质或暖材质搭配使用，以增加空间的温度和自然气息。

色彩运用

主题色：

背景色：

辅助色：

点缀色：

配色设计说明：布艺元素的色彩丰富，与自然的木色一起搭配，营造出一个十分有层次感的空间氛围。

色彩运用

主题色：

背景色：

辅助色：

点缀色：

配色设计说明：布艺元素明亮的色彩，让整个空间的色彩更加明快，更有生气。

色彩运用

主题色：

背景色：

辅助色：

点缀色：

色彩运用

主题色：

背景色：

辅助色：

点缀色：

配色设计说明：床品及装饰画明快的用色，缓解了木色的单调，丰富了空间的色彩，又营造出一个舒适、自然的空间氛围。

色彩运用

主题色：

背景色：

辅助色：

点缀色：

材料的冷暖对色彩的影响

通常装饰材料会有冷暖之分，如针织物、布艺、皮毛等属于暖材料，而玻璃、金属等材质则属于冷材料。暖材料的最大特点是即使是冷色调，也不会让人觉得特别冷；冷材料则恰恰相反，即使是暖色附着在冷材料上，也不会带来太多的暖意。在进行家居配色时，可以运用冷暖材料的搭配来缓解色彩的冷暖对比，同时也可以强化色彩的对比。

色彩运用

主题色：

背景色：

辅助色：

点缀色：

配色设计说明：地面的冷材质为空间增添了一定的通透感，与色彩缤纷的布艺、花草、装饰画等元素相搭配，使整个空间的氛围更加舒适。

色彩运用

主题色：

背景色：

辅助色：

点缀色：

配色设计说明：冷暖材质的搭配运用，让书房的基调更加和谐、舒适。

色彩运用

主题色：

背景色：

辅助色：

点缀色：

色彩运用

主题色：

背景色：

辅助色：

点缀色：

配色设计说明：暗暖色的木质浴室柜与暖色的墙砖搭配，使整个空间的基调冷暖相宜，也更加明快。

色彩运用

主题色：

背景色：

辅助色：

点缀色：

色彩运用

主题色：

背景色：

辅助色：

点缀色：

配色设计说明：冷暖材质的搭配让色彩更加有层次，营造出一个时尚又明快的厨房空间。

材料的光泽度对色彩的影响

居室内的装饰材料表面都存在着不同的光泽度，这些差异会使色彩产生微妙的变化。以白色为例，光滑的表面会提高其明度，而粗糙的表面会降低其明度。同理，经过抛光处理的石材色彩表现要比烧毛处理的色彩更加明确，而烧毛处理的色彩则要比抛光处理过的石材色彩更加温暖。

色彩运用

主题色：■

背景色：□ ■

辅助色：■

点缀色：□ ■

配色设计说明：黑、白两种颜色的对比搭配，让空间明快又整洁，毛面石材的运用给人一种柔和的感觉。

色彩运用

主题色：

背景色：

辅助色：

点缀色：

色彩运用

主题色：

背景色：

辅助色：

点缀色：

配色设计说明：亚光地砖的色调浅淡，纹理清晰，与大面积的木质材料相结合，使整个空间的色彩基调更加温和。

色彩运用

主题色：

背景色：

辅助色：

点缀色：

配色设计说明：亮白的地砖为蓝色、米色、黄色提供了一个简洁、明快的背景，使整个客厅的配色冷暖、明暗适宜。

No.5 色彩与人工照明互补

色温档案速查

	特 点	应 用
低色温	色温在3500K以下为低色温，低色温的红光成分较多，给人温暖、健康、舒适的感觉	客厅、餐厅、卧室
高色温	色温在6000K为高色温，高色温的光色偏蓝，给人以清冷的感觉	书房、厨房、卫生间

色彩运用

主题色：

背景色：

辅助色：

点缀色：

色温对空间氛围的影响

家居空间中灯光的色温对配色效果的影响是不可忽视的。色温越低，灯光越暖；色温越高，灯光越冷。不同的色温和色彩，可以营造不同的空间氛围，如有时明亮宽敞，有时温馨舒适，有时喜庆欢快，有时温暖热情等不同的空间效果。

色彩运用

主题色：

背景色：

辅助色：

点缀色：

配色设计说明：暖色调的灯光为配色清雅秀丽的空间增添了一份温馨与舒适的感觉。

色温对空间的烘托

低色温可以给人一种温暖、含蓄、柔和的感觉，高色温带来的是一种清凉奔放的气息。不同色温的灯光，能营造出不同的室内表情，调节室内的氛围。例如餐厅的照明将人们的注意力集中到餐桌，使用显色性好的暖色吊灯为宜。

色彩运用

主题色：

背景色：

辅助色：

点缀色：

组合运用色温营造空间氛围

通常来讲，如果空间单独运用一种色温会使人感觉单调，可将不同色温的光源组合运用，既能满足基本照明，又可以重点烘托空间情调。例如卧室的色彩和灯光宜采用中性的令人放松的色调，加上暖色调辅助灯，会变得柔和、温暖。厨卫应以功能性为主，灯具光源显色性好，低色温的白光给人一种亲切、温馨的感觉，采用局部低色温的射壁灯可以凸显朦胧浪漫的感觉。

光源的亮度与居室色彩

在相同的照明条件下，不同的居室配色方案对空间的亮度影响也是有一定差异的。如果居室内的墙面与吊顶都采用深色，那么应选择亮度较高的灯光，才能达到理想的照明效果。

色彩运用

主题色：

背景色：

辅助色：

点缀色：

色彩运用

主题色：

背景色：

辅助色：

点缀色：

配色设计说明：粉色调的空间背景色，在灯光的衬托下，显得更加温馨、浪漫。

色彩运用

主题色：

背景色：

辅助色：

点缀色：

第 3 章

不同空间的色彩搭配

No.1 女性空间的色彩搭配

女性空间配色速查

	用色技巧提示
活泼开朗型	纯色调或明色调的暖色，如红色、黄色、粉色作为重点色，搭配近似色调同类色或对比色
知性优雅型	高明度的淡浊色，如粉色、黄色、橙色、紫色进行配色，过渡宜平缓，避免强烈反差
干练清爽型	蓝色、绿色搭配适量的白色或米色，其中蓝色与绿色宜浅不宜深。如果是深色调，宜用在地毯或窗帘的装饰花纹上，不宜作为主色
优美高雅型	淡色调或明色调的紫色，可以运用小面积的暗色调的紫色
温馨浪漫型	采用弱对比色，如以高明度或淡雅的暖色、紫色加入白色，搭配适当的蓝色、绿色
时尚型	粉色、红色、紫色等女性色加入适当的灰色或黑色，其中以灰色为主时应避免深色或暗色与其搭配

色彩运用

主题色：

背景色：

辅助色：

点缀色：

配色设计说明：以蓝色、淡黄色为主的高明度配色，展现出居室女主人甜美、浪漫的感觉，白色的融入为整个空间注入梦幻般的感觉。

活泼、开朗的女性空间色彩

活泼的色彩在色调方面应明快活泼，对比鲜明，颜色不宜过多。可采用黄橙、琥珀色的色彩组合，很具亲和力，添加少许的黄色会发出夺目的光彩，处处惹人怜爱；或用淡黄的明朗色调营造出欢乐、诚挚的气氛。窗帘等软装元素宜采用活泼而不幼稚的图案，来表现生活的轻松与舒适。

色彩运用

主题色：

背景色：

辅助色：

点缀色：

色彩运用

主题色：

背景色：

辅助色：

点缀色：

配色设计说明：明快的黄色与高明度的蓝色相搭配，让整个空间的色彩对比更强烈，也营造出一个活泼、明快的空间氛围。

色彩运用

主题色：

背景色：

辅助色：

点缀色：

配色设计说明：高明度的黄色与浊色调的蓝色的对比相对较弱，再通过米色与白色的调和，使空间的氛围更加活跃、开朗。

温馨、浪漫的女性空间色彩

以粉色、淡黄色为主的高明度配色，能展现出女性所追求的甜美、浪漫的感觉，此外配上白色或适当的冷色，能够营造出一个趋于平静、柔和的空间色调；灰蓝色或淡蓝色的组合，会产生令人平和、恬静的效果；采用淡紫色与浅绿色搭配，会产生一番令人奇幻的神韵，展现迷人的气度；淡淡的暖色调，再辅以轻柔的软装饰物，能营造出一个温馨、浪漫的世界。

色彩运用

主题色：

背景色：

辅助色：

点缀色：

色彩运用

主题色：

背景色：

辅助色：

点缀色：

配色设计说明： 灰蓝色调的布艺软装在米色与白色的搭配下，营造出一个温馨、浪漫的睡眠空间。

色彩运用

主题色：

背景色：

辅助色：

点缀色：

高贵、优雅的女性空间色彩

比高明度的淡色稍暗，且略带混浊感的暖色，更能体现出成年女性优雅、高贵的气质，色彩搭配时要注意避免过强的色彩反差，保持过渡平稳。宜使用最淡的明朗色调，如少量的黄色加上白色，会形成淡黄色，这种色彩会给全白的房间带来温馨的感受，再配以柳藤家具、几幅字画和木雕挂件点缀，便可体现出具有浓郁书卷味女性的文化底蕴。

色彩运用

主题色：

背景色：

辅助色：

点缀色：

色彩运用

主题色：

背景色：

辅助色：

点缀色：

色彩运用

主题色：

背景色：

辅助色：

点缀色：

配色设计说明：布艺沙发、抱枕、窗帘及地毯的色彩搭配柔和又富有层次，营造出一个高贵、优雅的空间氛围。

干练、知性的女性空间色彩

用冷色系，搭配柔和、淡雅的色调和低对比度的配色，能体现出女性清爽、干练的气质。在设计风格上应突出冷峻中兼容温柔的特点。如墙面与吊顶采用柔和淡雅的素色，搭配暖色调的窗帘、床上用品，可展现事业型女性温柔的一面。

色彩运用

主题色：

背景色：

辅助色：

点缀色：

配色设计说明：素雅的背景色在绿色布艺软装的衬托下，显得更加柔和，展现了专属于女性的清爽与干练。

色彩运用

主题色：

背景色：

辅助色：

点缀色：

No.2 男性空间的色彩搭配

男性空间配色速查

	用色技巧提示
理智型	适用蓝色，同时搭配白色或暗暖色能够塑造出男性的力量感
气质型	蓝色加灰色组合，也可以适当加入白色或只采用暗浊的蓝色与深灰进行搭配
时尚型	黑、白、灰三色组合使用或者以白色为主，搭配黑色和灰色
绅士型	深暗的暖色或浊暖色，如深茶色、棕色等，也可以适当加入少量的蓝色、灰色作为点缀
开朗型	暗色调或浊色调的中性色如深绿色、灰绿色、暗紫色等

色彩运用

主题色：

背景色：

辅助色：

点缀色：

配色设计说明：沉稳的灰色作为床头背景墙的颜色，让空间的基调更加坚实、稳重，白色与浅灰色的加入则为空间注入一丝明快的感觉。

单身男性的空间色彩

蓝色、黑色、灰色无疑是最能表现出男性特点的颜色。单身男性在家居风格的要求上大都偏爱现代简约风格。多数现代风格在色彩搭配上都会利用黑色，但是要灵巧运用，而且不能用得太多。想要展现出男性特有的理性气息时，蓝色和灰色是不可缺少的颜色，同时与具有清洁感的白色搭配，则能显示出男主人的干练和力度。

配色设计说明： 柔和的木色弱化了白色与灰色的对比，使整个空间的色彩搭配睿智又温馨。

配色设计说明： 大象灰与灰蓝色的搭配，让整个空间都散发着属于男性的沉着与理性。

色彩运用

主题色：

背景色：

辅助色：

点缀色：

色彩运用

主题色：

背景色：

辅助色：

点缀色：

成年已婚男性的空间色彩

已婚男性的空间设计在突出男性力量感的同时，应兼顾女性的柔和与夫妻共同空间的浪漫氛围。以夫妻共同居住的卧室为例，吊顶与墙面的底色必须平实，以选用白色、米色等更中性的颜色为最佳，家具可以选择稍微暖一点的深色。如此既表达了男性的力量感，又不失女性的柔美。

配色设计说明：温暖的橙色与深棕色搭配出一个颇具传统基调的空间氛围，为男性空间注入一丝柔和的气息。

色彩运用

主题色：

背景色：

辅助色：

点缀色：

色彩运用

主题色：

背景色：

辅助色：

点缀色：

配色设计说明：柔和的床品色彩，让空间的基调温暖又不失硬朗。

色彩运用

主题色：

背景色：

辅助色：

点缀色：

中老年男性的空间色彩

随着年龄的增长，人们对生活的态度及色彩的需求都在改变。深暗色调更容易被中老年人接受。因为深暗色调显得传统考究，深暗的暖色和中性色能传达出厚重、坚实的印象，比如深茶色和深绿色等。它们是最容易搭配的颜色，可以吸收任何颜色的光线，是一种安逸祥和的颜色，可以放心运用在家居中。

配色设计说明：暗暖色作为空间的主要色彩基调，其所营造的氛围雅致、和谐，展现了空间的考究与稳重。

色彩运用

主题色：

背景色：

辅助色：

点缀色：

色彩运用

主题色：

背景色：

辅助色：

点缀色：

配色设计说明：深暗的沙发背景墙是整个空间的背景色，搭配浅色家具与精美花草，让空间显得格外雅致。

No.3 儿童空间的色彩搭配

儿童空间配色速查

色　彩	运用技巧	使用范围
粉色+红色+紫色	粉红色、红色以及紫色等暖色系搭配适量的白色，可以使空间更加甜美、纯真	女童房
黄色+橙色	黄色与橙色可以作为点缀色与柔和的色彩相搭配	适用不同性别儿童的房间
蓝色	女童房适用淡色调的蓝色，而男童房对蓝色则没有限制	根据蓝色的饱和度、明度的不同运用于不同性别儿童的房间
绿色	女童房的绿色通常与粉色、紫色、红色等搭配；男童房宜搭配白色或棕色	适用不同性别儿童的房间
淡色调+淡浊色调	男童房可选淡蓝色、绿色、淡黄色，女童房宜选粉色、紫色、淡黄色	适用于不同性别儿童的房间
多色搭配	女童房可以选用粉色、紫色、绿色作为主色；男童房则适合选用蓝色、绿色作为主色，能够表现出儿童的活泼与天真	适用于不同性别儿童的房间

色彩运用

主题色：

背景色：

辅助色：

点缀色：

配色设计说明：色彩鲜艳明快的软装布艺，让整个空间散发着一种属于儿童的天真与活跃感。

空间色彩对儿童的影响

把孩子的空间设计得五彩缤纷，不仅适合儿童天真的心理，而且鲜艳的色彩在其中会洋溢起希望与生机。对于性格软弱、过于内向的孩子，宜采用对比强烈的颜色，刺激其神经的发育。而对于性格太急躁的儿童，淡雅的颜色则有助于塑造健康的心态。在装饰墙面时，切忌用那些狰狞怪诞的形象和阴暗的色调，因为这些饰物会使幼小的孩子产生可怕的联想，不利于身心发育。成功的色彩搭配能促进儿童的大脑发育，让儿童有无限遐想的空间，培养他们思考、感性、想象的能力，在一定程度上也对大脑的开发有很好的效果。

色彩运用

主题色：

背景色：

辅助色：

点缀色：

配色设计说明：蓝白相间的色彩搭配，对比明快又不失活泼感，为儿童空间提供了一个温馨、幸福的氛围。

色彩运用

主题色：

背景色：

辅助色：

点缀色：

婴儿房的色彩搭配

婴儿房间的装饰色彩应该清爽、明朗、欢快，不宜用深色。婴儿喜欢自然的颜色，如浅粉红、浅蓝色、淡黄、明亮的苹果色或者草绿色。建议婴儿房间的墙面使用柔和清爽的浅色，家具为乳白色或原木色，同时根据宝宝的年龄增长和喜好来变换不同色彩的装饰画或图片。在配色上要避免强烈的刺激，使他们享受到温柔的呵护。

色彩运用

主题色：

背景色：

辅助色：

点缀色：

色彩运用

主题色：

背景色：

辅助色：

点缀色：

配色设计说明： 色彩明快的淡色调，让整个空间的配色具有温柔、呵护的感觉。

男孩房的色彩搭配

一般来说，儿童喜爱的颜色是单纯而鲜明的，这对培养孩子乐观进取、奋发的心理素质和坦诚、纯洁的性格都是有益的。搭配男孩房间可选用不同明度的蓝色、绿色。蓝色能调整身体内环境平衡，消除紧张情绪，蓝色环境能使人在不知不觉中感到幽雅安静，在居室内可适当作为主色调，但颜色不宜过深，以浅蓝为宜。绿色是和平色，能起到镇静作用，有益消化，促进身心平衡。

色彩运用

主题色：

背景色：

辅助色：

点缀色：

配色设计说明：绿色、蓝色、红色、黄色等丰富的配色，给人一种开放和自由自在的感觉，使整个空间都散发着活泼的儿童空间氛围。

色彩运用

主题色：

背景色：

辅助色：

点缀色：

女孩房的色彩搭配

女孩房在色彩和空间搭配上最好以明亮、轻松、愉悦为选择方向，不妨多点对比色。粉红色是最适合女孩的颜色，它是浪漫的化身，也是可爱的代表词，不仅可以培养女孩温柔的性格，而且看起来令人非常舒适。但是如果把整个房间都弄成粉色，好像既单调又让人觉得眼晕。配色上可以采用粉色加白色，二者相互呼应，既干净又大方。

色彩运用

主题色：

背景色：

辅助色：

点缀色：

配色设计说明：浅淡的粉色，明亮淡雅，营造出一个甜美、浪漫的空间氛围。

色彩运用

主题色：

背景色：

辅助色：

点缀色：

色彩运用

主题色：

背景色：

辅助色：

点缀色：

No.4 婚房的色彩搭配

婚房色彩速查

色 彩	运用技巧	氛围营造
红色	红色不可大面积使用，可作为软装元素的主要颜色，与黑色、白色、金色或橙色、黄色搭配运用，也可以降低红色的饱和度或明度	使居室空间更加沉稳、传统、喜庆
粉色/紫色	可大面积使用，也可作为点缀色使用	比传统的红色更加柔和，可增添婚房空间的女性气息
无色系	无色系可以适当加入金色、银色进行点缀	能够营造出空间低调、奢华的感觉
黄色+蓝色/绿色	使用明亮的黄色或纯黄色，搭配蓝色或绿色	营造空间的喜悦感和清新感
橙色	明色调或纯色调的橙色既能作为主色调，又可作为辅助色或点缀色运用	营造出热烈、活泼的空间氛围
对比色	以白色作为背景色，可选择任意一组具有对比感的女性色或男性色作为点缀色使用	打造出活泼感十足的婚房空间

色彩运用

主题色：

背景色：

辅助色：

点缀色：

配色设计说明： 红色的布艺元素与装饰画，都流露出传统中式婚房的喜庆与华贵。

喜庆传统的婚房色彩

红色是中国婚房的传统色彩，但在新房中大量使用红色会很俗气。可以将红色作为点缀就很容易达到画龙点睛的效果，如将红色运用于床品、窗帘、抱枕、地毯等可以随意进行更换的元素。同时红色还可以与黑色、白色、金色等进行组合搭配，或选用低明度或低饱和度的红色，使整个空间更加沉稳、内敛，却又不失喜庆感。

配色设计说明：红色的床品为空间营造出一片喜庆与祥和的氛围。

色彩运用

主题色：

背景色：

辅助色：

点缀色：

配色设计说明：红色抱枕的点缀，让客厅空间弥漫着浪漫、喜庆的气息。

色彩运用

主题色：

背景色：

辅助色：

点缀色：

柔和婉约的婚房色彩

粉色、紫色等女性色的大面积运用可以使整个婚房都散发着女性柔和、温婉的气息，也可以作为点缀使用，为婚房增添女性气息的同时，也比传统的红色更加温和。

配色设计说明： 原木色的运用让整个空间散发着一种自然的气息，与粉红色相搭配，营造出一个浪漫、温馨的睡眠空间。

色彩运用

主题色：

背景色：

辅助色：

点缀色：

色彩运用

主题色：

背景色：

辅助色：

点缀色：

配色设计说明： 蓝白花纹的床品，在色彩上给空间带来温婉、柔和的感觉，其所营造出的浪漫氛围不输传统的红色。

色彩运用

主题色：

背景色：

辅助色：

点缀色：

温馨浪漫的婚房色彩

要想营造温馨浪漫的居室氛围，可以大胆地运用白色与蓝色进行搭配。在白色当中适当加入一些蓝色，因为蓝色象征着冷静、和谐与沉稳。而且，这样不但避免了大面积白色带给人的空洞感，还可以烘托一个明快、清爽又不失喜庆感的婚房，也可以让婚房更加时尚。

色彩运用

主题色：

背景色：

辅助色：

点缀色：

配色设计说明：色彩丰富的软装饰品，让空间的色彩基调温馨、浪漫，也弱化了大面积白色所带来的空旷感。

色彩运用

主题色：

背景色：

辅助色：

点缀色：

色彩运用

主题色：

背景色：

辅助色：

点缀色：

清新脱俗的婚房色彩

装饰婚房时，可以使用一些明色调或纯色调的黄色，因为黄色是一种清新、鲜嫩又带有喜悦感的颜色；而绿色是让人内心感觉平静的色调，可以中和黄色的轻快感，让空间稳定下来。因此采用黄色与绿色作为婚房的主要配色，可以使整个空间既有色彩的跳跃感，又不失清新感。

色彩运用

主题色：

背景色：

辅助色：

点缀色：

配色设计说明：淡绿色床品与碎花图案床品在米色背景的衬托下，显得更加素雅、自然，给人一种安定祥和的浪漫感觉。

色彩运用

主题色：

背景色：

辅助色：

点缀色：

色彩运用

主题色：

背景色：

辅助色：

点缀色：

No.5 不同功能空间的色彩搭配

客厅的色彩搭配

客厅是家庭装修的重地，从此处能通向所有房间。因此在色彩选择方面应做到与风格统一，由于客厅的空间一般较大，所需放置的物品也多，所以客厅的背景色，如墙面、地面、吊顶等，应选择包容性大并能与窗帘、沙发、电视墙相协调的色彩，如白色或浅米色等。此外，有的家庭会把就餐区放到客厅，那么就要考虑就餐区是否需要单独的灯和暖色调的背景墙。

色彩运用

主题色：

背景色：

辅助色：

点缀色：

色彩运用

主题色：

背景色：

辅助色：

点缀色：

配色设计说明：以白色和浅灰色作为小客厅的背景色，使空间在视觉上有了一定的扩张感。一张色彩斑斓的地毯，则为空间增添了活跃的气息。

配色设计说明：淡绿色、米色、木色、粉红色等组成的客厅空间配色，具有清新、淡雅的自然美感，使人的心情变得安定祥和。

色彩运用

主题色：

背景色：

辅助色：

点缀色：

色彩运用

主题色：

背景色：

辅助色：

点缀色：

餐厅的色彩搭配

餐厅的色彩宜以明朗轻快的色调为主，最适合用的是橙色及相同色相的姐妹色。它们不仅能给人以温馨感，而且能提高进餐者的兴致。整体色彩搭配时，应注意地面色调宜深，墙面可用中间色调，吊顶的色调则宜浅，以增加稳重感。如果餐厅家具颜色较深，可通过明快、清新的淡色或蓝白、绿白、红白相间的台布来衬托。

色彩运用

主题色：

背景色：

辅助色：

点缀色：

色彩运用

主题色：

背景色：

辅助色：

点缀色：

色彩运用

主题色：

背景色：

辅助色：

点缀色：

配色设计说明： 紫色与金色相搭配的餐桌椅硬朗、明快，使餐厅的配色显得耀眼而充满张力。

卧室的色彩搭配

如何提高睡眠质量，是在进行卧室色彩搭配时需考虑的关键问题。低彩度的调和色是多数情况的首选，中低彩度、中低明度的色系也颇为理想。但对采光不好的卧室，应适当提高明度，来调和卧室的气氛。通常，卧室顶部多用白色，白色和光滑的墙面可使光的反射率达到60%，更加明亮；墙壁可选用明亮并且宁静的色彩，如黄、黄灰色等浅色，能够增加房间的开阔感；地面一般采用深色，地面的色彩不要和家具的色彩太接近。

色彩运用

主题色：

背景色：

辅助色：

点缀色：

色彩运用

主题色：

背景色：

辅助色：

点缀色：

配色设计说明： 同色调的空间配色，在不同材质的衬托下，显得更加舒适，使整个空间的色彩基调更加和谐、统一。

书房的色彩搭配

在搭配书房色彩时，最佳的选择就是安静的颜色，以暗灰色为主。应注意与其他空间的色彩进行调配，让整个家居氛围更加和谐。蓝色是能让人安静下来的颜色，运用在书房是最适宜不过了。书房最好不要选择黄色，黄色虽然文雅而天然，但它会减慢思考的速度，黄色带有温顺的特性，具有凝思静气的作用，假如长期接触，会让人变得慵懒。其次，选用绿色的盆栽来调配书房的装饰色彩，不仅能缓解神经紧张，而且对保护视力也有好处。

色彩运用

主题色：

背景色：

辅助色：

点缀色：

配色设计说明：不同深浅的蓝色与金色相搭配，营造出一个硬朗又素雅的书房空间。

色彩运用

主题色：

背景色：

辅助色：

点缀色：

厨房的色彩搭配

厨房是一个需要亮度和舒适度的空间，所以不能使用明暗对比十分强烈的颜色来装饰墙面或者吊顶，这会使整个厨房面积在视觉上变小，厨房墙面的色彩应以白色或浅色为主。通常，厨房中能够表现出干净的色相主要有灰度较小、明度较高的色彩，如白、乳白、淡黄等。

色彩运用

主题色：

背景色：

辅助色：

点缀色：

色彩运用

主题色：

背景色：

辅助色：

点缀色：

色彩运用

主题色：

背景色：

辅助色：

点缀色：

卫浴间的色彩搭配

卫浴间的面积通常都不是很大，各种盥洗用具复杂、色彩多样。因此，为避免视觉的疲劳和空间的拥挤感，应选择清洁而明快的色彩为主要背景色，对缺乏透明度与纯净感的色彩要“敬而远之”。卫浴间在色彩搭配上，要强调统一性和融合感。过于鲜艳夺目的色彩不宜大面积使用，以减少色彩对人的心理的冲击。色彩的空间分布应该是下部重、上部轻，以增加空间的纵深感和稳定感。常见的卫浴间用色大多是浅色或者白色，因为这些颜色让人感觉干净。这对于小面积的卫浴间尤为重要，因为浅色会显得空间大一点。

色彩运用

主题色：

背景色：

辅助色：

点缀色：

玄关的色彩搭配

玄关墙面的颜色一定要深浅适中，无论墙面到底用什么样的材质，选用的颜色都不应该太深，以免令玄关看起来死气沉沉，同时应注意与其他空间的衔接与协调；玄关的地面颜色应该深一点，这样的话看起来会比较厚重，如果希望地面能够明亮一点，可以采用深色的石料包边，而中间部分采用颜色比较浅的石料。如果要在玄关的位置铺上地毯的话，应该选择四周颜色比较深、中间颜色比较浅的地毯。玄关处吊顶的色调宜轻不宜重，玄关吊顶的颜色如果太深的话，会形成上重下轻的感觉，给人造成非常强烈的压迫感。

色彩运用

主题色：

背景色：

辅助色：

点缀色：

色彩运用

主题色：

背景色：

辅助色：

点缀色：

配色设计说明：木质格栅的巧妙运用弱化了深色给玄关带来的压抑感，家具、木雕摆件的色彩深浅适宜，使空间的基调更加和谐。

第 4 章

[不同的色彩印象表达]

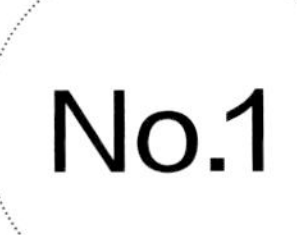

No.1 简洁时尚的色彩印象

白色、灰色、黑色、银色等无彩色能给空间带来整洁、时尚的色彩印象，同时与低纯度的冷色搭配，则可以为空间增添朴素感，若添加茶色系，则能够增添厚重感，可以更加有力地打造时尚、高质量的生活品质。

色彩运用

主题色：

背景色：

辅助色：

点缀色：

时尚睿智的灰色

灰色的时尚与睿智能够给空间带来很强的时尚感，搭配稍具温暖感的茶色系，可以使整个空间氛围更具有厚重感。

配色设计说明： 深浅灰色运用于部分床品及背景墙中，突出层次，又能彰显灰色的睿智与时尚。

色彩运用

主题色：

背景色：

辅助色：

点缀色：

配色设计说明： 以深灰色作为空间的主题色，在木色与白色的衬托下，使整个空间的色彩搭配更加明快、简洁。

色彩运用

主题色：

背景色：

辅助色：

点缀色：

灰蓝基调的韵味

灰色与蓝色的搭配是最经典的配色之一，能够体现出空间的规范与整齐感。同时灰色又是现代时尚风格色彩印象中不可或缺的色彩，能够体现出空间使用者的干练与理性。与蓝色搭配则能体现出一丝洒脱的意味。

色彩运用

主题色：

背景色：

辅助色：

点缀色：

配色设计说明：灰色、蓝色、白色组成了卧室的配色，展现了现代风格简洁、大方的色彩基调。

色彩运用

主题色：

背景色：

辅助色：

点缀色：

色彩运用

主题色：

背景色：

辅助色：

点缀色：

色彩运用

主题色：

背景色：

辅助色：

点缀色：

配色设计说明：蓝色木质家具与灰色布艺沙发相搭配，为空间提供了一定的稳重感，给人一种坚实厚重的感觉。

色彩运用

主题色：

背景色：

辅助色：

点缀色：

配色设计说明：深浅不同的灰色，突出了空间配色的韵律感。花草等摆件的色彩柔和、明亮，为空间注入一丝活跃的气息。

色彩运用

主题色：

背景色：

辅助色：

点缀色：

No.2 朴素自然的色彩印象

中明度、低饱和度、暖色调的色彩比较能够展现出一种温和、自然、朴素的色彩印象，通常包括棕色、绿色、黄色等一些源于泥土、树木、花草等自然元素的色调。

绿色与茶色的自然基调

茶色是大地色系中最具代表性的色彩之一，象征着泥土；而绿色则代表着树木，是最亲近自然的色彩。茶色与绿色相搭配，能够传达出柔和、朴素、自然的色彩印象。

色彩运用

主题色：

背景色：

辅助色：

点缀色：

配色设计说明：茶色、绿色、米色等色彩相搭配，营造出自然、朴素的空间氛围。

色彩运用

主题色：

背景色：

辅助色：

点缀色：

配色设计说明：茶色与绿色的使用面积十分合理，再恰当地融入一点白色，可以让空间的基调更加清新，也弱化了暗暖的茶色给空间带来的沉闷感。

色彩运用

主题色：

背景色：

辅助色：

点缀色：

色彩运用

主题色：

背景色：

辅助色：

点缀色：

配色设计说明：地板的色彩略显厚重，十分具有坚实的感觉，搭配上适当的绿色，使整体呈现出厚重、淳朴的感觉。

以绿色为中心色

在自然界中，草木花卉是不可或缺的因素，如果说绿色象征着草木，那么红色、粉色或黄色等色彩则象征着花卉。用绿色作为主色，运用红色、粉色或黄色作为辅助色或点缀色，这种源于自然的配色能够营造出舒适、朴素、自然的空间色彩印象。

色彩运用

主题色：

背景色：

辅助色：

点缀色：

色彩运用

主题色：

背景色：

辅助色：

点缀色：

配色设计说明：浅淡的绿色作为卧室的主题色，让整个空间都洋溢着清新、淡雅的气息。

色彩运用

主题色：

背景色：

辅助色：

点缀色：

色彩运用

主题色：

背景色：

辅助色：

点缀色：

色彩运用

主题色：

背景色：

辅助色：

点缀色：

配色设计说明：以绿色作为背景色，通过白色与木色的调和，整个空间给人一种休闲、安逸的感觉。

色彩运用

主题色：

背景色：

辅助色：

点缀色：

配色设计说明：浅淡的蓝绿色作为整个卫生间的主题色，再搭配白色、黑色等其他元素，使整体的视觉效果更加简洁、明快。

No.3 明快有朝气的色彩印象

鲜艳明亮的色调能够营造出一种明快又有朝气的色彩印象，选用鲜艳的纯色调与明亮的明色调，可以使空间明艳有张力，营造出愉悦又活泼的空间氛围。

多种色彩的活泼感

选择3种高饱和度、高明度的色彩进行组合搭配，可以有效地增强空间的活泼感。其中以冷色调为中心，可以给人一种清凉的感觉；以暖色调为中心，则使活力更加鲜明；以鲜艳色调为中心，则可以使空间充满朝气。

色彩运用

主题色：

背景色：

辅助色：

点缀色：

色彩运用

主题色：

背景色：

辅助色：

点缀色：

色彩运用

主题色：

背景色：

辅助色：

点缀色：

配色设计说明：整个客厅空间以明快的暖黄色为配色中心，使整个待客空间都处于热闹、欢快的气氛当中。

色彩运用

主题色：

背景色：

辅助色：

点缀色：

配色设计说明：通过色彩浓郁的装饰画的点缀，整个空间给人一种精神饱满和愉快的感觉，适当的绿色则使空间显得更加宁静。

色彩运用

主题色：

背景色：

辅助色：

点缀色：

鲜艳的暖色体现活力

鲜艳的黄色或橙色等暖色，具有热情洋溢的感觉，是表现活力与朝气必不可少的色彩之一。与蓝色、紫色、绿色进行搭配，可以形成鲜明的对比或互补，从而营造出一个活力四射的空间色彩印象。

色彩运用

主题色：

背景色：

辅助色：

点缀色：

色彩运用

主题色：

背景色：

辅助色：

点缀色：

配色设计说明：鲜艳的橙色让空间的氛围更加活跃，白色与米色的融入则起到一定程度的降温作用，让睡眠空间更加舒适。

色彩运用

主题色：

背景色：

辅助色：

点缀色：

色彩运用

主题色：

背景色：

辅助色：

点缀色：

配色设计说明： 明黄色、淡绿色、白色、灰色和黑色所组成的空间，配色十分具有层次感，营造出一个活泼又时尚的空间。

色彩运用

主题色：

背景色：

辅助色：

点缀色：

配色设计说明： 黄色为明快的黑白对比色增添了一份暖意，也是整个空间配色的亮点。

色彩运用

主题色：

背景色：

辅助色：

点缀色：

No.4 柔和清新的色彩印象

从淡色调到白色的高明度色彩区域，能够体现出一个清新的视觉效果。其要点是以冷色调为主，色彩对比度要低，整体的配色才能达到理想的融合感，从而营造出一种柔和、清新的空间色彩印象。

以冷色与白色为基调

蓝色或绿色的明度越是接近白色，就越能体现出清新、爽快的色彩印象。此外，清新感的塑造离不开白色的渲染，无论是与蓝色还是与绿色组合，都会使整个空间显得十分整洁、清爽。

色彩运用

主题色：

背景色：

辅助色：

点缀色：

色彩运用

主题色：

背景色：

辅助色：

点缀色：

配色设计说明：卧室空间以白色为基调，在绿色、黄色、灰蓝色的点缀下更显层次感，给人的感觉十分整洁、清爽。

色彩运用

主题色：

背景色：

辅助色：

点缀色：

色彩运用

主题色：

背景色：

辅助色：

点缀色：

配色设计说明：深蓝色的地毯为浅色调的空间加入了不可或缺的稳重感，让整个空间的色彩更有层次；单人座椅、装饰画、小茶几等其他元素色彩的融入，给空间带来一份活跃感。

色彩运用

主题色：

背景色：

辅助色：

点缀色：

配色设计说明：白色与蓝色的搭配体现在床品、装饰画及台灯中，简洁、素雅，使整个卧室的氛围更加舒适。

浅灰色的细腻与柔和

高明度的灰色能够体现出空间的舒适与干练，与浅色调的蓝色或绿色相搭配，则会传达出轻柔、细腻的色彩印象。

色彩运用

主题色：

背景色：

辅助色：

点缀色：

色彩运用

主题色：

背景色：

辅助色：

点缀色：

配色设计说明：浅灰色在大量的白色与少量的黑色以及低明度绿色的衬托下，显得格外柔和，展现了工业风格细腻的一面。

色彩运用

主题色：

背景色：

辅助色：

点缀色：

色彩运用

主题色：

背景色：

辅助色：

点缀色：

配色设计说明：浅灰色作为主题色时，黄色、白色等元素的融入给人一种简洁又时尚的感觉。

色彩运用

主题色：

背景色：

辅助色：

点缀色：

配色设计说明：淡淡的浅灰色运用于地毯、毛巾毯等布艺中，在若干浊色调元素的衬托下，使整个空间的色彩搭配更加细腻、柔和。

No.5 浪漫甜美的色彩印象

要表现浪漫甜美的色彩印象，可以选用明亮的色调来营造出一种甜美、梦幻的感觉，其中以粉色、紫色、蓝色为最佳。

粉色的浪漫表现

明亮柔和的粉色能够给人带来一种甜美、梦幻的感觉，以粉色作为背景色，再搭配适当的淡黄色进行点缀，可以使整个空间的氛围更加浪漫、甜美；若与蓝色相搭配，则可为空间注入一丝纯真的气息。

色彩运用

主题色：

背景色：

辅助色：

点缀色：

配色设计说明：明亮柔和的浅粉色与蓝色一起搭配出一个轻柔、浪漫的休闲角落。

色彩运用

主题色：

背景色：

辅助色：

点缀色：

配色设计说明: 墙面是明亮色调的粉色，大面积的运用，让温柔、甜美的感觉充满了整个房间，吊顶的蓝色与地面的灰白色，更增强了朦胧感。

配色设计说明: 浅粉色与淡紫色相搭配，营造出一种浪漫、梦幻的感觉。

色彩运用

主题色:

背景色:

辅助色:

点缀色:

色彩运用

主题色:

背景色:

辅助色:

点缀色:

配色设计说明: 以浅粉色为主题色的空间内，加上蓝色的运用，使空间传达出一种宁静致远的感觉。

淡紫色的浪漫演绎

浅淡的紫色调能够显示出温柔、甜美的感觉，加入蓝色或蓝绿色进行搭配，则能营造出一个纯真浪漫的童话空间氛围。若与白色相搭配，则会显得更加干净。

色彩运用

主题色：

背景色：

辅助色：

点缀色：

色彩运用

主题色：

背景色：

辅助色：

点缀色：

色彩运用

主题色：

背景色：

辅助色：

点缀色：

配色设计说明： 深紫色与淡紫色搭配运用，体现了用色的层次感。同时蓝色与白色的搭配，则让整个房间充满童话般的纯真与浪漫。

色彩运用

主题色：

背景色：

辅助色：

点缀色：

色彩运用

主题色：

背景色：

辅助色：

点缀色：

No.6 传统厚重的色彩印象

传统的古典家具的色彩温暖而凝重，通过具有一定厚重感的自然材料结合精湛的制作工艺，给人一种传统考究的印象，让整个空间都充满沉静与安宁的感觉。

暗暖色主导空间的厚重感

以浊暗的暖色为主色，如茶色、棕色、棕红色、褐色等，能够塑造出一个具有传统韵味又不乏厚重感的空间色彩印象，也是较为传统的配色印象。若与适当的白色搭配，则可以减少空间色调的沉闷感。

色彩运用

主题色：

背景色：

辅助色：

点缀色：

配色设计说明：暗暖色的床头墙与地面为空间增添了必不可少的厚重感，给人一种坚实、稳定的感觉。

色彩运用

主题色：

背景色：

辅助色：

点缀色：

色彩运用

主题色：

背景色：

辅助色：

点缀色：

配色设计说明：家具中穿插运用暗暖色与地面的颜色形成呼应，体现出空间配色的韵律感，同时与浅灰色相搭配，彰显了工业风格的稳重感。

色彩运用

主题色：

背景色：

辅助色：

点缀色：

配色设计说明：棕色、茶色、暗红色组成的空间配色，给人一种古朴、典雅的感觉。

色彩运用

主题色：

背景色：

辅助色：

点缀色：

配色设计说明：深色调的暗暖色展现出色彩的坚实与厚重感，与白色搭配，让空间基调更加明朗。

黑色塑造空间的坚实感

作为明度最低的色彩，黑色具有一定的神秘感，同时也兼具坚实与厚重感。与暗冷色相搭配，可使空间显得更加具有稳定性；与暗暖色搭配，则能使空间更具有格调。

色彩运用

主题色：■

背景色：□

辅助色：■

点缀色：■ ■ □

配色设计说明：黑色是餐厅空间的主题色，通过大面积白色的运用，突出了空间色调的明朗与坚实感。

色彩运用

主题色：■

背景色：□

辅助色：■

点缀色：■ ■ □

色彩运用

主题色：■

背景色：□ ■ ■

辅助色：■

点缀色：■ ■

第 5 章

不同风格的色彩表达

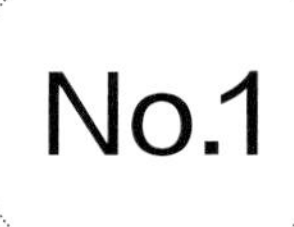

田园风格的色彩表达

清新、舒适，没有压力是田园风格给人最大的感受，因此，以和谐不突兀为首要配色原则，取材自然，利用同一色相中的2~3种色彩进行搭配，然后再选择一种深色或浅色进行点缀，以彰显活力与自然的气息。

田园风格常用色彩速查

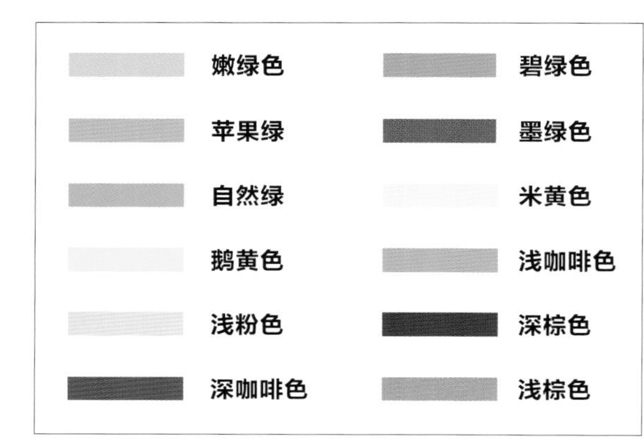

色彩运用

主题色：

背景色：

辅助色：

点缀色：

配色设计说明：家具、墙面、吊顶都选择米色作为主要装饰颜色，仅通过不同材质来体现色彩的层次，彰显了田园风格自然、亲切的特点。

绿色+白色

绿色是最能代表田园风格特点的色彩之一，可以作为背景色、主题色、辅助色或者点缀色运用在田园风格空间内，可深可浅、可明可暗，与白色搭配，能够彰显出田园风格清新、自然的韵味。在运用绿色+白色这种配色进行居室色彩搭配时，如果室内空间较小，建议将白色作为背景色，可大面积使用，而绿色则更加适合作为辅助色或点缀色使用。

色彩运用

主题色：

背景色：

辅助色：

点缀色：

配色设计说明：以白色作为空间的主题色，在绿色布艺软装的衬托下，显得格外清新、雅致。

色彩运用

主题色：

背景色：

辅助色：

点缀色：

色彩运用

主题色：

背景色：

辅助色：

点缀色：

色彩运用

主题色：

背景色：

辅助色：

点缀色：

配色设计说明：绿色搁板的运用巧妙缓解了大面积白色带来的单调感。

色彩运用

主题色：

背景色：

辅助色：

点缀色：

配色设计说明：小面积的空间内，宜选用白色作为大面积的背景色，而绿色作为辅助使用，使空间基调更加明快，也不会显得压抑。

色彩运用

主题色：

背景色：

辅助色：

点缀色：

浅绿+浅黄+白色

此种浅色调的配色，十分适合小空间的居室运用。浅绿色一直是清新的代表，能使空间更加鲜活明朗。以浅绿色作为主题色，白色作为背景色，再用浅黄色作为辅助色或点缀色，可使整个空间给人一种舒适放松的感觉。

色彩运用

主题色：

背景色：

辅助色：

点缀色：

配色设计说明： 空间主题墙面的颜色选择浅绿色，而大面积的背景色则为白色，两者营造出鲜活、明朗的空间氛围，两只黄色坐墩的加入，则带来一种更加休闲舒适的感觉。

色彩运用

主题色：

背景色：

辅助色：

点缀色：

色彩运用

主题色：

背景色：

辅助色：

点缀色：

色彩运用

主题色：

背景色：

辅助色：

点缀色：

配色设计说明：以绿色、淡黄色组成的电视背景墙，彰显出田园风格自然、清新的一面，大面积白色的运用则为空间注入了不可或缺的明快感，使整个空间的色彩搭配更有层次。

色彩运用

主题色：

背景色：

辅助色：

点缀色：

配色设计说明：浅黄色的单人沙发与抱枕为以白色和绿色为基调的空间增添了一丝暖意，使整个空间更加自然、亲切。

色彩运用

主题色：

背景色：

辅助色：

点缀色：

配色设计说明：将浅黄色与绿色体现在花艺与花器中，很好地为空间提供了一抹淡淡的柔美的感觉。

绿色+多色彩

如果只有单一色相配色，就会失去田园风格的自然与朝气，绿色+多色彩的配色方式是一种顺应浪漫且不夸张的方法。例如绿色搭配黄色，可以使空间显得更加温暖舒畅；与粉红色搭配，则显得更加甜美。可以将多种高明度、低饱和度的色调融入带有草木花卉图案的窗帘、抱枕、椅套等元素中，以此来丰富空间层次。

色彩运用

主题色：

背景色：

辅助色：

点缀色：

色彩运用

主题色：

背景色：

辅助色：

点缀色：

配色设计说明：通过布艺抱枕、窗帘等元素，将多种色彩融入田园风格中，给人带来一种清新、甜美的别样风情。

色彩运用

主题色：

背景色：

辅助色：

点缀色：

配色设计说明：床品的色彩搭配低调、柔和，很好地提升了整个空间的色彩层次。

色彩运用

主题色：

背景色：

辅助色：

点缀色：

配色设计说明：色彩丰富又不失淡雅格调的装饰画与花卉，让空间的色彩搭配更加活泼、丰富。

色彩运用

主题色：

背景色：

辅助色：

点缀色：

配色设计说明：各色花草与花器的运用，让以绿色为主题色的玄关显得更有生机。

色彩运用

主题色：

背景色：

辅助色：

点缀色：

大地色+白色/米色

素雅、古朴的大地深色系既保留了乡村风格的惬意，又能彰显复古的情感，与白色系搭配运用，大大增添了空间清新自然的质感，同时又不失乡村田园风格的温暖与亲切。

色彩运用

主题色：

背景色：

辅助色：

点缀色：

色彩运用

主题色：

背景色：

辅助色：

点缀色：

配色设计说明：家具及墙面的浅色在棕黄色地板的包容下，显得更加明快、简洁。

配色设计说明：在以米色为主题色的空间内，白色与大地色的运用，使整个空间的基调更加自然、淳朴。

色彩运用

主题色：

背景色：

辅助色：

点缀色：

色彩运用

主题色：

背景色：

辅助色：

点缀色：

配色设计说明： 以大地色作为空间的主题色，再用浅淡的米色进行调和，典雅、柔和，一种乡村田园的感觉油然而生。

配色设计说明： 棕色的餐桌与墙面的装饰搁板从色彩到材质都形成了很好的呼应，体现了空间用色的韵律感与整体感。

色彩运用

主题色：

背景色：

辅助色：

点缀色：

色彩运用

主题色：

背景色：

辅助色：

点缀色：

配色设计说明： 大地色与绿色相搭配，体现出乡村田园的亲切与朴素之感，各种小工艺品缤纷的色彩，起到了很好的点缀修饰作用，为空间增添了一份活跃的气息。

大地色系组合

大地色系组合主要用到棕色、茶色、咖啡色等颜色，是乡村田园风格中比较常见的一种配色方式。其色彩特点为深色调沉稳大气，浅色调柔和明快。通常在运用大地色系进行配色时，建议运用浅淡的米色作为背景色，以保证空间明亮清新的感觉。深色调则更加适用于木质家具或沙发等元素。

色彩运用

主题色：

背景色：

辅助色：

点缀色：

色彩运用

主题色：

背景色：

辅助色：

点缀色：

配色设计说明：大量的浅色调软装元素的运用，有效缓解了深色带来的沉闷感，同时又不会破坏空间的重心，很好地体现出田园风格清新、自然的特点。

色彩运用

主题色：

背景色：

辅助色：

点缀色：

色彩运用

主题色：

背景色：

辅助色：

点缀色：

色彩运用

主题色：

背景色：

辅助色：

点缀色：

配色设计说明：米色、浅棕色、木色、浅咖啡色等大地色系的组合运用，给人带来一种亲近自然的朴素感。

色彩运用

主题色：

背景色：

辅助色：

点缀色：

配色设计说明：咖啡色、深棕色、米色等大地色组成的卧室空间配色，表现出田园风格沉稳、大气的一面。

大地色+多色彩

大地色系与多色彩搭配，可以将蓝色、绿色、粉红色、紫色、黄色等多种色彩体现在壁纸、窗帘、抱枕、地毯等元素中，再适当地搭配咖啡色、棕色或褐色的木质家具或地板，可营造出活泼、淡雅、细腻的色彩氛围。

色彩运用

主题色：

背景色：

辅助色：

点缀色：

色彩运用

主题色：

背景色：

辅助色：

点缀色：

配色设计说明：墙面的浅色给人以舒适的印象，搭配家具的木色和其他装饰元素的丰富色彩，营造出丰富又有层次的空间氛围。

色彩运用

主题色：

背景色：

辅助色：

点缀色：

色彩运用

主题色：

背景色：

辅助色：

点缀色：

配色设计说明：整个空间以浅米色作为部分墙面及地面的颜色，色彩丰富的布艺沙发的运用，则使整个空间的色彩更加柔和。

配色设计说明：布艺装饰元素丰富的色彩给人以自然、愉悦的感觉，搭配米色的墙面、地面、吊顶，营造出一个淡雅、舒适的色彩空间。

No.2 地中海风格的色彩表达

地中海风格源于希腊海域，以粗犷的肌理、夸张的线条与花草藤蔓的围绕作为体现古朴原始风貌的重要手段。其色彩一方面以蓝白色调相搭配，能给人带来一种干净而又清爽的感觉；另一方面则充分运用大地色系，来演绎沉稳低调的风格韵味。

地中海风格常用色彩速查

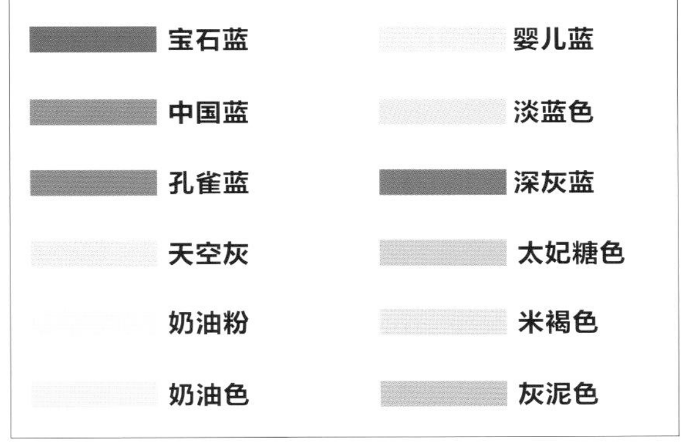

配色设计说明：蓝色与白色的搭配，明快又有张力，体现了地中海风格对自由的向往。

色彩运用

主题色：

背景色：

辅助色：

点缀色：

配色设计说明：蓝色、白色、木色搭配出一个自然、淳朴的地中海风格空间。

蓝色+白色

作为地中海风格中最经典的配色，蓝色能带给人一种安静、祥和的感觉，与白色搭配则具有纯净的美感，这种源于自然的配色方式，使人感觉协调、舒适。在运用时，可以使用蓝色作为主题色，白色作为背景色或辅助色，以体现出清新、凉爽的海洋韵味；或者以蓝白相间的图案形式出现，可以丰富空间色彩的层次感。

色彩运用

主题色：■

背景色：□ ■

辅助色：□

点缀色：■ ■ ■

色彩运用

主题色：■ □

背景色：□ ■

辅助色：■

点缀色：■ ■

配色设计说明：以白色作为背景色，蓝色作为点缀辅助，彰显了空间色彩搭配的层次与张力。

色彩运用

主题色：■ □

背景色：□ ■

辅助色：■

点缀色：■ ■ ■

配色设计说明：蓝白相间的色彩搭配，使空间的色彩更加丰富，也彰显了地中海风格的自由情怀。

色彩运用

主题色：

背景色：

辅助色：

点缀色：

配色设计说明：蓝白相间的布艺沙发是整个空间色彩搭配的焦点，是地中海风格用色的经典搭配。

色彩运用

主题色：

背景色：

辅助色：

点缀色：

配色设计说明：蓝色与白色所形成的对比感觉十分明快，体现了地中海风格清新、明朗的特点。

色彩运用

主题色：

背景色：

辅助色：

点缀色：

蓝色+米色+白色

相比蓝白搭配的清爽与干净，米色的融入与白色形成了微弱的层次感，为配色效果增添了柔和的美感。在运用时，通常以白色作为背景色，米色作为主题色，再运用蓝色作为辅助色或点缀色。例如白色的墙面搭配米色的沙发，再加入蓝色的抱枕或地毯。

色彩运用

主题色：

背景色：

辅助色：

点缀色：

配色设计说明：米色调的运用弱化了蓝色与白色给空间带来的明快感，为整个空间配色增添了一种温和的感觉。

色彩运用

主题色：

背景色：

辅助色：

点缀色：

色彩运用

主题色：

背景色：

辅助色：

点缀色：

配色设计说明：米色、蓝色、白色、棕色所组成的空间配色，层次分明，让人倍感温馨与舒适。

色彩运用

主题色：

背景色：

辅助色：

点缀色：

配色设计说明：在以米色与白色作为背景色的空间里，蓝色与青色的运用凸显了空间的色彩层次。

色彩运用

主题色：

背景色：

辅助色：

点缀色：

蓝色+对比色

蓝色与对比色进行搭配，可以使整个空间的视觉效果更加活泼、欢快。在运用时，可以将浅色调的蓝色作为背景色，再点缀黄色与红色或黑色与白色；也可以运用白色或浅淡的黄色作为背景色，蓝色作为主题色，而后搭配少量的对比色进行点缀。

色彩运用

主题色：

背景色：

辅助色：

点缀色：

色彩运用

主题色：

背景色：

辅助色：

点缀色：

配色设计说明： 以米色作为空间的背景色，搭配蓝色与黄色的对比，使整个空间的基调更加活泼，更有张力。

色彩运用

主题色：

背景色：

辅助色：

点缀色：

配色设计说明： 以白色为背景色的空间内，红色、蓝色、黑色的运用，与背景色形成鲜明的对比，使整个空间的色彩搭配更加活泼。

配色设计说明： 淡蓝色与浅黄色的对比并不强烈，在白色背景的衬托下，也更显明快，给人一种清新、浪漫的感觉。

色彩运用

主题色：

背景色：

辅助色：

点缀色：

色彩运用

主题色：

背景色：

辅助色：

点缀色：

配色设计说明：以暗暖色作为空间的主题色，彰显了地中海风格朴素、稳重的一面，同时将白色融入其中，则使整个空间的色彩搭配更有张力，更加明快。

土黄色+红褐色

土黄色与红褐色可以很好地塑造出地中海风格的质朴感，色彩源自北非特有的沙漠、岩石、泥、沙等自然景观，再辅以北非土生植物的深红、靛蓝，加上黄铜色，营造出地中海风格如大地般的浩瀚感觉。

色彩运用

主题色：

背景色：

辅助色：

点缀色：

配色设计说明：土黄色地砖与酱红色的圆形布艺沙发为以蓝白的色彩借调的客厅空间注入了一份淳朴的气息。

色彩运用

主题色：

背景色：

辅助色：

点缀色：

配色设计说明： 地砖、抱枕、护墙板等元素都选用暗暖色，为空间营造出古朴、雅致的氛围。

色彩运用

主题色：

背景色：

辅助色：

点缀色：

色彩运用

主题色：

背景色：

辅助色：

点缀色：

色彩运用

主题色：

背景色：

辅助色：

点缀色：

配色设计说明： 米白色背景下，地砖、装饰画、茶几的颜色相对沉稳，通过浅色背景的调和，使整个空间呈现出地中海的浩瀚之感。

大地色系+绿色+白色

大地色系与绿色系的搭配是一种源于泥土与自然植物的配色方式。在运用时，通常以白色或棕黄色、棕红色等大地色为背景色，以绿色作为点缀色或辅助色。例如白色的墙面与吊顶搭配棕黄色或棕红色的木地板，再融入绿色的草木作为点缀装饰，就可让人感觉到自然的气息。

色彩运用

主题色：

背景色：

辅助色：

点缀色：

色彩运用

主题色：

背景色：

辅助色：

点缀色：

配色设计说明：以米色、白色、棕色组成卧室空间的背景色及主题色，再通过绿色的点缀，让整个空间都洋溢着清新、自由的气息。

色彩运用

主题色：

背景色：

辅助色：

点缀色：

配色设计说明：在地中海风格居室中，绿色元素大多体现在植物中，用来调节大地色和白色的衔接，使空间色彩基调更加和谐。

色彩运用

主题色：

背景色：

辅助色：

点缀色：

配色设计说明：绿色的点缀，让以白色为主色调的空间显得更加有生机。

色彩运用

主题色：

背景色：

辅助色：

点缀色：

色彩运用

主题色：

背景色：

辅助色：

点缀色：

配色设计说明：棕色与白色组成的餐桌椅，是整个餐厅的焦点，彩色精美花卉的运用使整个空间色彩更加丰富，更有层次感。

大地色系+蓝色

大地色系与蓝色的搭配是地中海风格装饰中的另一经典配色方案，它同时兼备了亲切感与清新感。在配色时，若使用蓝色作为主题色，则能使空间更具有稳重感；若以大地色作为主题色，则令空间更加亲切、自然。

色彩运用

主题色：

背景色：

辅助色：

点缀色：

色彩运用

主题色：

背景色：

辅助色：

点缀色：

配色设计说明：地板的颜色选用了具有一定厚重感的棕红色，为蓝色与白色为主色调的空间提供了不可或缺的稳重感与自然感。

色彩运用

主题色：

背景色：

辅助色：

点缀色：

配色设计说明：大地色作为地面颜色，蓝色、白色、红色搭配运用，使整个空间色彩更加有层次，也更有亲和力。

色彩运用

主题色：

背景色：

辅助色：

点缀色：

配色设计说明：大地色作为餐厅空间的主题色，淡淡的蓝色作为背景色，彰显了地中海风格的亲切感。

色彩运用

主题色：

背景色：

辅助色：

点缀色：

No.3 东南亚风格的色彩表达

东南亚传统风格色彩多以不同的棕色、褐色、深红色和绿色为主，取色于自然，色彩的饱和度高，尤其善用深色。东南亚风格的色彩多通过布艺软装来体现，硬装则更偏向于原始朴素的色彩。

东南亚风格常用色彩速查

宝石蓝	紫红色
孔雀蓝	活力橙
墨绿色	砖红色
祖母绿	太妃糖色
橄榄绿	金棕色
经典绿	驼色

色彩运用

主题色：

背景色：

辅助色：

点缀色：

配色设计说明：缤纷华丽的软装用色，体现了东南亚风格的浪漫情怀，同时营造出一个热闹、华贵的空间氛围。

大地色系+白色

大地色系与白色的搭配能够很好地体现出东南亚风格朴素的一面，在使用时，可以根据居室的面积来调整配色比例。例如在面积较大的空间内，可以选择大地色作为背景色，而白色则可以体现在布艺沙发、床品或窗帘等元素中，起到弱化空间沉重感的作用；相反则可以选用白色作为背景色，运用大地色作为点缀色或辅助色，以增强空间的稳重感。

色彩运用

主题色：

背景色：

辅助色：

点缀色：

色彩运用

主题色：

背景色：

辅助色：

点缀色：

配色设计说明： 以大地色作为空间的主色调，使整个空间看起来更加古典、沉稳，而白色幔帐的运用则十分有效地缓解了大地色给空间带来的沉闷感。

色彩运用

主题色：

背景色：

辅助色：

点缀色：

色彩运用

主题色：

背景色：

辅助色：

点缀色：

色彩运用

主题色：

背景色：

辅助色：

点缀色：

配色设计说明：棕红色、棕黄色、黄绿色等大地色是卧室用色的中心，白色床品及台灯的运用则很好地调节了大地色的沉闷感。

色彩运用

主题色：

背景色：

辅助色：

点缀色：

配色设计说明：白色的布艺床品为空间增添了不可或缺的明快感，与大地色相搭配，使整个卧室的色彩搭配更有层次、更温馨。

大地色系+多色彩组合

以大地色作为主题色，再选用紫色、红色、蓝色、黄色或绿色等至少3种色彩组合，进行点缀使用，是最具东南亚风格韵味的配色方法。例如以深浅不同的大地色作为墙面、地面或大型家具的主色，加入红色、绿色、蓝色、紫色、黑色等多种色彩的组合来进行点缀，以增添空间的绚丽感，营造出神秘、魅惑的异域风情。

色彩运用

主题色：

背景色：

辅助色：

点缀色：

色彩运用

主题色：

背景色：

辅助色：

点缀色：

配色设计说明： 蓝色、金色、酱红色等元素的点缀，让整个空间的色彩搭配更加华丽，更有层次，更加突出了东南亚风格的绚丽感。

色彩运用

主题色：

背景色：

辅助色：

点缀色：

配色设计说明：通过青色、白色、黄色等色彩的点缀，使整个以茶色、米色、棕色为背景色的空间显得更加活泼、更有层次感。

色彩运用

主题色：

背景色：

辅助色：

点缀色：

配色设计说明：布艺软装及植物花草的色彩丰富，彰显了东南亚风格的绚烂之美。

色彩运用

主题色：

背景色：

辅助色：

点缀色：

大地色+对比色

同样是以大地色作为主色，将红色+绿色、黄色+蓝色等对比色组合运用在软装元素中，既能体现空间色彩的活跃感，又能演绎东南亚风格拒绝沉闷的配色特点。

色彩运用

主题色：

背景色：

辅助色：

点缀色：

色彩运用

主题色：

背景色：

辅助色：

点缀色：

配色设计说明：蓝色与黄色的对比，彰显了东南亚风格活跃的配色特点，也让空间色调更有层次。

色彩运用

主题色：

背景色：

辅助色：

点缀色：

配色设计说明: 绿色、黄色、紫色、红色等大量鲜艳、明快的颜色，组成了一个绚丽多彩的空间配色，彰显出东南亚风格的魅力。

色彩运用

主题色:

背景色:

辅助色:

点缀色:

色彩运用

主题色:

背景色:

辅助色:

点缀色:

配色设计说明: 红色、蓝色、金属色、咖啡色的运用，使整个空间的色彩层次更加突出，展现出东南亚风格的魅惑与奢华。

大地色+绿色

大地色与绿色的搭配是一种源于热带雨林的自然配色，在运用时，绿色与大地色之间的明度对比应尽量柔和一些，以展现东南亚风格的朴素感与细腻感。宜采用暗色调的棕色与浊色调的绿色进行搭配，若想要空间更有层次，可以适当地运用一些白色或米色进行调节。

色彩运用

主题色：

背景色：

辅助色：

点缀色：

色彩运用

主题色：

背景色：

辅助色：

点缀色：

配色设计说明： 以棕色作为整个空间的主色调，通过米白色、绿色等元素的点缀与衬托，凸显了东南亚风格自然、原始的美感。

色彩运用

主题色：

背景色：

辅助色：

点缀色：

配色设计说明：整个空间以大地色为主色调，运用软装的色彩进行调节，营造出一个原始、古朴的空间氛围。

色彩运用

主题色：

背景色：

辅助色：

点缀色：

配色设计说明：以浊暗的绿色进行点缀，再搭配适量的白色，让以大地色为背景色的空间显得格外雅致与清新。

大地色+紫色

紫色具有神秘、浪漫的感觉，多被运用在东南亚风格的布艺装饰中。如窗帘、丝绸、薄纱、床品、抱枕等。通常是以低调的大地色作为背景色，紫色作为辅助色或点缀色，若想增强空间的奢华感，还可以适当融入一些金色。

色彩运用

主题色：

背景色：

辅助色：

点缀色：

配色设计说明：大地色的运用，让整个空间都散发着沉稳又充满魅惑的感觉。

配色设计说明：紫色、金色、绿色等色彩的融入，使整个空间都散发着浓郁的地中海风情。

色彩运用

主题色：

背景色：

辅助色：

点缀色：

色彩运用

主题色：

背景色：

辅助色：

点缀色：

色彩运用

主题色：

背景色：

辅助色：

点缀色：

配色设计说明：以大地色作为背景色，浊暗的紫色抱枕作为点缀，给人一种沉稳、神秘的感觉。

色彩运用

主题色：

背景色：

辅助色：

点缀色：

色彩运用

主题色：

背景色：

辅助色：

点缀色：

配色设计说明：深浅两种颜色的花纹弱化了浊暗的紫色给空间带来的压抑感，与大地色相搭配，使整个空间散发着异域风情的魅惑与神秘感。

No.4 现代简约风格的色彩表达

现代简约风格具有现代的特色，其装饰体现功能性和实用性，在简单的设计中，也可以感受到个性的构思。色彩经常以白色、灰色、黑色为主，可以以饱和度较高的色彩作为跳色，也可以选用一组对比强烈的色彩来进行点缀，以彰显空间的个性。

现代简约风格常用色彩速查

紫红色	自然绿
活力橙	银白色
珊瑚粉	烟灰色
康乃馨粉	亮白色
胭脂粉	纯黑色
中国蓝	大象灰

色彩运用

主题色：

背景色：

辅助色：

点缀色：

色彩运用

主题色：

背景色：

辅助色：

点缀色：

配色设计说明： 明亮的黄色、橙色是整个居室色彩搭配中最耀眼的点缀色，让整个空间的色彩搭配更加跳跃，更有时尚感。

无彩色系

黑、白、灰三色的组合是现代简约风格配色中最为经典的配色方案，装饰效果简洁、大方又不失时尚感。其中以白色作为主要配色，可以使空间简洁、宽敞；以黑色为主，则大大增强了整个空间的神秘感与沉稳感；以灰色为主，则凸显了空间配色的时尚与睿智。

色彩运用

主题色：■

背景色：□ ■ ■

辅助色：■

点缀色：■ □

配色设计说明：黑色、白色、灰色组成了整个空间的配色，明快的对比突出了现代风格的睿智与时尚。

色彩运用

主题色：■

背景色：□ ■ ■

辅助色：■

点缀色：■ □

配色设计说明：黑色与灰色的运用，前浅后深，体现了色彩的层次，营造出坚实厚重的居室氛围。

色彩运用

主题色：■

背景色：□ ■ ■

辅助色：■

点缀色：□

色彩运用

主题色：

背景色：

辅助色：

点缀色：

配色设计说明：以浅灰色作为床头墙的主色调，再搭配黑白色调的床品、装饰画，使整个空间的基调略显柔和又不失明快的感觉。

配色设计说明：黑、白、灰三种颜色的合理运用，使整个空间简洁、明快。

色彩运用

主题色：

背景色：

辅助色：

点缀色：

色彩运用

主题色：

背景色：

辅助色：

点缀色：

无彩色系+暖色

无彩色与高饱和度的暖色相搭配，能够营造出活泼、时尚的空间氛围；若与低饱和度的暖色相搭配，则可以使空间更加温暖、亲切。可以根据空间的使用功能或使用人群来选择是与高饱和度的暖色搭配还是与低饱和度的暖色搭配。

色彩运用

主题色：

背景色：

辅助色：

点缀色：

配色设计说明： 以鲜艳的红色进行点缀，为以黑色、白色、灰色为主色调的卧室空间增添了柔和、温暖、喜庆的气息。

色彩运用

主题色：

背景色：

辅助色：

点缀色：

配色设计说明： 高明度的紫色使以无彩色为主要基调的空间显得更加浪漫，更有情调。

色彩运用

主题色：

背景色：

辅助色：

点缀色：

配色设计说明：鲜艳的橙色是整个空间色彩搭配的焦点，让整个居室的氛围更加活跃，更有层次感。

色彩运用

主题色：

背景色：

辅助色：

点缀色：

配色设计说明：暗暖色的运用为以灰色和白色为主的客厅空间增添了一份温暖的气息，同时也不会破坏无彩色所带来的明快感。

配色设计说明：橙红色的点缀让客厅空间的色彩搭配更加跳跃，更有层次，凸显了现代风格居室的时尚与品位。

色彩运用

主题色：

背景色：

辅助色：

点缀色：

无彩色系+冷色

无彩色与冷色的搭配可以给空间带来素雅、清爽的感觉。在运用时，可以选用黑、白、灰中任意一种或两种色彩与冷色相搭配。例如以白色作为背景色，以蓝色和灰色作为点缀或辅助配色，可以营造出简洁、舒适的空间氛围；若以灰色作为辅助色，白色作为背景色，而蓝色作为主题色，便能营造出稳重、素雅的空间氛围。

色彩运用

主题色：

背景色：

辅助色：

点缀色：

配色设计说明： 绿色床品的点缀，为整个明快的空间配色增添了一份清新、雅致的感觉。

色彩运用

主题色：

背景色：

辅助色：

点缀色：

色彩运用

主题色：

背景色：

辅助色：

点缀色：

色彩运用

主题色：

背景色：

辅助色：

点缀色：

配色设计说明：不同明度的绿色在体现空间色彩层次的同时，也让黑白色调的空间更加舒适。

色彩运用

主题色：

背景色：

辅助色：

点缀色：

配色设计说明：灰色、白色、绿色搭配出一个睿智、时尚、清新的居室氛围。

色彩运用

主题色：

背景色：

辅助色：

点缀色：

配色设计说明：宝蓝色沙发运用于以浅灰色、白色、黑色为基调的客厅空间内，打造出坚实、厚重的空间氛围，同时也给人一种现代风格少有的奢华感。

多色彩+白色

多色彩组合配色是丰富空间色彩层次的最佳手段，但是在现代风格中，多色彩组合配色的最佳搭档非白色莫属，白色的加入既能弱化多种色彩带来的喧闹感，又能使整个空间看起来更加整洁、明亮。

色彩运用

主题色：

背景色：

辅助色：

点缀色：

色彩运用

主题色：

背景色：

辅助色：

点缀色：

配色设计说明：以白色为空间背景色，充分利用了白色的融合性将黄色、棕色、米色、巧克力色等多种颜色融入其中，营造出一个典雅时尚的卧室空间氛围。

色彩运用

主题色：

背景色：

辅助色：

点缀色：

配色设计说明：蓝色、粉红色、橙色等鲜艳明快的颜色为点缀色，使以白色为背景色的客厅空间更有层次感，更加活跃。

色彩运用

主题色：

背景色：

辅助色：

点缀色：

色彩运用

主题色：

背景色：

辅助色：

点缀色：

配色设计说明： 蓝色、黄色、红色、绿色等明快的颜色与白色相搭配，使整个居室空间给人一种休闲、明快的感觉。

色彩运用

主题色：

背景色：

辅助色：

点缀色：

配色设计说明： 装饰画与背景色的颜色形成鲜明的对比，为以浅灰色和白色为背景色的空间增添了活跃感，也凸显了现代风格配色的张力。

对比色

对比色的运用可以彰显使用者的品位与个性。对比配色法一般可分为色相对比与明度对比两种，如果想要打造视觉冲击力较强的空间氛围，可以选用色彩对比；若想表达一种相对柔和的空间意境，则适合运用明度对比。

色彩运用

主题色：

背景色：

辅助色：

点缀色：

配色设计说明：米色的背景色在很大程度上调节了黑色与黄色的对比，让整个空间的色彩更加柔和。

色彩运用

主题色：

背景色：

辅助色：

点缀色：

配色设计说明：蓝色与黄色的鲜明对比，彰显了现代风格配色的张力与明快。

色彩运用

主题色：

背景色：

辅助色：

点缀色：

色彩运用

主题色：

背景色：

辅助色：

点缀色：

配色设计说明：鲜明的黄色与黑色、蓝色形成强烈的对比，让空间色彩搭配的视觉冲击力更强，显得整个空间更加有活力。

色彩运用

主题色：

背景色：

辅助色：

点缀色：

色彩运用

主题色：

背景色：

辅助色：

点缀色：

配色设计说明：小面积的蓝色与黄色所形成的对比色素雅、内敛，搭配色彩分明的黑白色布艺家具，打造出饱含活力的空间氛围。

棕色系+白色

在现代风格配色中，习惯运用深棕色、浅棕色及茶色等棕色系来营造空间的厚重感与亲切感。棕色系可以用于背景色或主题色，若要避免大面积使用给空间带来的厚重感，可以与白色搭配使用，既能保证空间配色的层次感，又不至于太过沉闷。

配色设计说明： 棕红色的地板与电视墙面给空间带来一定的厚重感，白色的融入则有效提升了空间的色彩层次，打破沉闷，让空间的基调更加明朗。

色彩运用

主题色：

背景色：

辅助色：

点缀色：

色彩运用

主题色：

背景色：

辅助色：

点缀色：

色彩运用

主题色：

背景色：

辅助色：

点缀色：

色彩运用

主题色：

背景色：

辅助色：

点缀色：

色彩运用

主题色：

背景色：

辅助色：

点缀色：

配色设计说明： 深棕色床品及地毯的运用，为浅色调的空间增添了一定的稳重感。

色彩运用

主题色：

背景色：

辅助色：

点缀色：

配色设计说明： 深浅棕色搭配运用，让休闲空间的重心更加稳定，白色躺椅的运用减弱了空间的重量感，使空间变得素雅起来。

No.5 中式风格的色彩表达

古典中式风格主要以代表喜庆与吉祥的红色、黄色、蓝色作为主要色调；而新中式风格则以黑、白、灰3色组合或与大地色进行搭配组合，以营造出一个典雅、素净的风格空间。

中式风格常用色彩速查

红棕色	明黄色
黄棕色	中国红
米黄色	白色
米白色	灰色
茶色	中国蓝
暗黄色	孔雀蓝

色彩运用

主题色：

背景色：

辅助色：

点缀色：

色彩运用

主题色：

背景色：

辅助色：

点缀色：

配色设计说明：彩色鼓凳的运用提升了配色层次，也彰显了中式传统文化的底蕴。

红色/黄色+大地色

暗色调的大地色系不仅沉稳，而且具有历史的厚重感，古典中式风格中多以棕红色、棕黄色、米色、茶色为主色调，采用红色或黄色作为辅助或点缀搭配，便能塑造出吉祥富贵的传统中式风韵。

色彩运用

主题色：

背景色：

辅助色：

点缀色：

配色设计说明：在红色和黄色的点缀下，大地色调更有层次，也更加凸显出中式风格的传统韵味。

色彩运用

主题色：

背景色：

辅助色：

点缀色：

色彩运用

主题色：

背景色：

辅助色：

点缀色：

配色设计说明：红色与棕色、米色的搭配让整个空间的色彩更有层次，更具有浓厚的怀旧情调。

色彩运用

主题色：

背景色：

辅助色：

点缀色：

色彩运用

主题色：

背景色：

辅助色：

点缀色：

色彩运用

主题色：

背景色：

辅助色：

点缀色：

白色/米色+黑色

白色或米色+黑色的配色手法很能体现新中式风格整洁、素雅的品位。如果空间面积较小，可以白色或米色为背景色，而黑色作为主题色运用在主要家具中，如此便可以使整个空间看起来更加宽敞、明亮；若面积充足，可适当加大黑色的使用面积，以增强整个空间的稳重感。

色彩运用

主题色：

背景色：

辅助色：

点缀色：

配色设计说明：白色、黑色、米色组成的空间配色，使整个空间都呈现出厚重、高档的感觉。

色彩运用

主题色：

背景色：

辅助色：

点缀色：

色彩运用

主题色：

背景色：

辅助色：

点缀色：

配色设计说明：米色、白色、黑色再融入少量的青色，组成了卧室空间配色，具有中式风格少有的自然美感，使人的心情变得安定祥和。

色彩运用

主题色：

背景色：

辅助色：

点缀色：

色彩运用

主题色：

背景色：

辅助色：

点缀色：

配色设计说明：米色与黑色相搭配，展现出中式风格考究、典雅的特点。

色彩运用

主题色：

背景色：

辅助色：

点缀色：

白色+灰色

相比红色与黄色的雍容华贵，白色与灰色相搭配则给人带来一种小家碧玉的朴素与雅致。白色+灰色的配色手法在运用时比较随意，不受空间大小的限制，可以以任意一种色彩为主题色，而以另一种色彩为辅助色。若想为空间增添一些活力，可适当融入一些蓝色或绿色作为点缀；若想增添空间的厚重感，则可加入棕色、茶色等大地色系。

色彩运用

主题色：

背景色：

辅助色：

点缀色：

配色设计说明：白色与灰色相搭配，柔和又不失明快，展现出新中式风格朴素、雅致的特点。

色彩运用

主题色：

背景色：

辅助色：

点缀色：

色彩运用

主题色：

背景色：

辅助色：

点缀色：

配色设计说明：冷灰色与白色相搭配，表现出一种睿智与时尚感，少量蓝色的融入则增添了一份素雅的感觉。

色彩运用

主题色：

背景色：

辅助色：

点缀色：

配色设计说明：白色与浅灰色营造出一种小家碧玉般的柔和感。

色彩运用

主题色：

背景色：

辅助色：

点缀色：

配色设计说明：浅灰色、白色、深蓝色相搭配，使空间的整体印象略显果敢与严谨。

色彩运用

主题色：

背景色：

辅助色：

点缀色：

色彩运用

主题色：

背景色：

辅助色：

点缀色：

大地色

运用在中式风格中的大地色系主要包括棕红色、棕黄色、茶色、咖啡色、米色等，具有一定的亲切感与朴素感。配色时通常以白色作为背景色，能有效地弱化大地色的沉重感；也可以用米色来代替白色，使空间氛围更加柔和、温馨；不同明度的大地色与黄色搭配，能演绎出传统中式风格尊贵、奢华的特点。

色彩运用

主题色：

背景色：

辅助色：

点缀色：

配色设计说明：地面及家具的深棕色，是暖色中极为厚重的色彩，具有十分坚实的感觉；搭配电视墙与窗帘的米色，整体呈现出厚重、雅致的感觉。

色彩运用

主题色：

背景色：

辅助色：

点缀色：

配色设计说明：深浅大地色的搭配，让整个空间的色彩氛围充满厚重的怀旧情调。

色彩运用

主题色：

背景色：

辅助色：

点缀色：

色彩运用

主题色：

背景色：

辅助色：

点缀色：

配色设计说明：在暗暖色的点缀下，整个空间都表现出传统、古旧的气息。

色彩运用

主题色：

背景色：

辅助色：

点缀色：

对比色

中式风格中对比色的运用，是古典宫廷用色的延续，主要以红色与蓝色、黄色与蓝色、红色与绿色等为主。值得注意的是，中式风格的对比色不同于现代风格，其色彩的明度不宜过高，使用面积不宜过大，通常体现在布艺或工艺品等元素中。

色彩运用

主题色：

背景色：

辅助色：

点缀色：

色彩运用

主题色：

背景色：

辅助色：

点缀色：

色彩运用

主题色：

背景色：

辅助色：

点缀色：

配色设计说明： 红色与绿色合理搭配，让整个空间的配色更活跃，更有张力。

色彩运用

主题色：

背景色：

辅助色：

点缀色：

配色设计说明：小面积的黄色与淡淡的蓝色所形成的对比并不强烈，营造出低调、内敛的空间氛围。

色彩运用

主题色：

背景色：

辅助色：

点缀色：

配色设计说明：以大地色为主色调的空间内，黑白组合装饰画所形成的对比，为空间注入了一份不可多得的活跃感与明快感。

色彩运用

主题色：

背景色：

辅助色：

点缀色：

配色设计说明：红色与绿色、黄色与蓝色的小面积对比使空间的色彩更加丰富，同时也不会破坏中式风格的质朴感。

多色彩

中式风格空间常选用红色、黄色、绿色、蓝色、紫色等多种色彩进行搭配，通常将它们体现在瓷器、布艺、书画等软装元素中，起到画龙点睛的作用。色调可淡雅、鲜艳，也可浓郁、清新。

色彩运用

主题色：

背景色：

辅助色：

点缀色：

色彩运用

主题色：

背景色：

辅助色：

点缀色：

配色设计说明： 黄色、橙红色、米色、蓝色等多种色彩组成的空间配色，彰显出中式风格丰富多彩的色彩氛围。

色彩运用

主题色：

背景色：

辅助色：

点缀色：

色彩运用

主题色：

背景色：

辅助色：

点缀色：

色彩运用

主题色：

背景色：

辅助色：

点缀色：

配色设计说明：将丰富的色彩体现在装饰画、床品、绿植及灯饰等元素中，展现出中式风格奢华的美感。

色彩运用

主题色：

背景色：

辅助色：

点缀色：

配色设计说明：鲜艳的纯色使整个空间的色彩搭配更加丰富多彩，营造出一个奢华又具有风格特点的用餐空间。

No.6 欧式风格的色彩表达

传统欧式风格给人以古朴、厚重、宽大的感觉，充分利用金色、银色、咖啡色、红色、紫色等华丽的色彩，来营造高雅、奢华的空间氛围；新欧式风格则是简化了传统欧式风格的配色方式，以白色、金属色、暗暖色最为常见，力求一种素雅、轻奢的空间氛围。

欧式风格常用色彩速查

胭脂粉	米褐色
紫色	灰泥色
蜂蜜金	黑色
中国蓝	白色
孔雀蓝	灰色
太妃糖色	金棕色

色彩运用

主题色：

背景色：

辅助色：

点缀色：

配色设计说明：运用了大量金色，由于使用的巧妙性，不会让空间显得压抑，反而突出了欧式风格奢华、大气的特点。

白色系

新欧式风格的配色不会以厚重、华丽的色彩为主，通常是以暖白色、奶白色或象牙白等白色系作为空间的背景色或主题色，以营造一个简洁、从容的空间氛围为首要目的。

色彩运用

主题色：

背景色：

辅助色：

点缀色：

配色设计说明：白色背景色搭配金色床品，展现出现代欧式风格奢华又不失简洁的特点。

色彩运用

主题色：

背景色：

辅助色：

点缀色：

色彩运用

主题色：

背景色：

辅助色：

点缀色：

色彩运用

主题色：

背景色：

辅助色：

点缀色：

配色设计说明：以白色系作为空间的主题色，运用蓝色、棕色来进行点缀修饰，以达到稳固空间重心的目的。

色彩运用

主题色：

背景色：

辅助色：

点缀色：

色彩运用

主题色：

背景色：

辅助色：

点缀色：

配色设计说明：大量的白色运用其中，与深浅不同的大地色进行搭配，展现了欧式风格简洁、从容的特点。

白色+紫色/茶色

以暖白色或奶白色作为空间的背景色，再搭配浅紫色、茶色、浅咖啡色等高明度的古典色系，可以有效提升空间的整体明度，展现传统欧式风格大气、典雅的特点。

色彩运用

主题色：

背景色：

辅助色：

点缀色：

色彩运用

主题色：

背景色：

辅助色：

点缀色：

配色设计说明：以白色为整个空间的背景色，在紫红色、灰蓝色等抱枕的点缀下，整个空间的色彩层次更加突出。

色彩运用

主题色：

背景色：

辅助色：

点缀色：

色彩运用

主题色：

背景色：

辅助色：

点缀色：

配色设计说明：浊暗的紫色与茶色一起为浅色调的卧室空间增添了一份宁静、祥和的气氛。

色彩运用

主题色：

背景色：

辅助色：

点缀色：

色彩运用

主题色：

背景色：

辅助色：

点缀色：

配色设计说明：软装布艺、灯饰、装饰画、地毯等元素的色彩大大丰富了整个空间的色彩搭配；棕色地板的运用则为空间提供了一份稳重感。

米色/白色+大地色

为了缓解古典风格的沉重感，可以选用轻盈明亮的米色或白色作为空间的背景色，将古典基调寄托在家具陈设中，借助木质、布艺、皮革等不同的材质，来彰显传统欧式风格的韵味。

色彩运用

主题色：

背景色：

辅助色：

点缀色：

配色设计说明：明快的白色、绿色、米色搭配出一个轻盈、明亮的空间，浊暗的黄绿色的运用则突出了传统欧式的韵味与稳重。

色彩运用

主题色：

背景色：

辅助色：

点缀色：

色彩运用

主题色：

背景色：

辅助色：

点缀色：

配色设计说明：深浅咖啡色的运用给浅色调为背景色的空间增添了厚重感，使其重心更加稳定。

色彩运用

主题色：

背景色：

辅助色：

点缀色：

配色设计说明：大地色的运用让整个空间更有归属感，米色、白色、绿色、黄色等颜色的调合运用则彰显出欧式风格的精致与细腻。

色彩运用

主题色：

背景色：

辅助色：

点缀色：

配色设计说明：驼色及黑色的搭配运用使空间更加有坚实感；白色的加入则为空间注入几分自然、安宁的感觉。

色彩运用

主题色：

背景色：

辅助色：

点缀色：

米色+暗暖色

深褐色、深咖啡色、暗红色和紫红色等沉稳内敛的暗暖色能够增强空间的分量感与隆重气氛。在运用时可以选用米色作为空间的背景色，同时降低主题色的明度，以方便提升暗暖色的使用比例，使优雅宁静的空间中留有奢华的气息。

色彩运用

主题色：

背景色：

辅助色：

点缀色：

色彩运用

主题色：

背景色：

辅助色：

点缀色：

配色设计说明：以深棕色作为空间的主题色，深浅不同的米色作为背景色，既能凸显层次，又能表现出欧式风格配色的厚重感。

色彩运用

主题色：

背景色：

辅助色：

点缀色：

配色设计说明：白色与米色作为空间的背景色，被大量运用，有效地缓解了以暗暖色为主色调给空间带来的压抑感。

配色设计说明：沉稳厚重的家具色彩体现了传统欧式风格的隆重感，选用米色和白色作为背景色，加入少量的金色进行点缀，尽显欧式风格的奢华与大气。

色彩运用

主题色：

背景色：

辅助色：

点缀色：

无彩色系

新欧式风格可以选用黑色、白色、灰色等无彩色作为空间的主要配色。在运用时，可以通过调整它们的深浅度或使用范围来增添空间配色的层次感；或将纯白色的背景换成象牙白、米白或奶白色等，便能使整个空间氛围更加柔和、素雅。

色彩运用

主题色：

背景色：

辅助色：

点缀色：

配色设计说明：白色、灰色、黑色的合理运用，凸显了现代欧式风格的明快与简洁。

色彩运用

主题色：

背景色：

辅助色：

点缀色：

色彩运用

主题色：

背景色：

辅助色：

点缀色：

配色设计说明：以米白色代替纯白色，与灰色、黑色进行搭配，为明快的空间氛围增添了几分柔和的美感。

色彩运用

主题色：

背景色：

辅助色：

点缀色：

配色设计说明：米白色与黑色的对比十分柔和，却也能给人带来一种明快的感觉；少量金色的运用则增添了一份奢华气息。

色彩运用

主题色：

背景色：

辅助色：

点缀色：

色彩运用

主题色：

背景色：

辅助色：

点缀色：

金属色

金色、银色、铜色等金属色代表着贵气，既可与沉稳的大地色系搭配，也可与紫色、茶色等古典色彩搭配，或者与简洁、素雅的白色系进行搭配，通过调整色彩明度的落差来体现欧式风格的质感与品位。在运用金属色时，使用面积不宜过大，它们通常体现在金属器皿或家具的雕花中。

色彩运用

主题色：

背景色：

辅助色：

点缀色：

配色设计说明：家具中金色与白色的搭配凸显了欧式风格的质感与品位。

色彩运用

主题色：

背景色：

辅助色：

点缀色：

配色设计说明：在大量的金色线条的修饰下，整个空间的色彩层次更加突出，也更加彰显了欧式风格的奢华与隆重。

色彩运用

主题色：

背景色：

辅助色：

点缀色：

色彩运用

主题色：

背景色：

辅助色：

点缀色：

色彩运用

主题色：

背景色：

辅助色：

点缀色：

配色设计说明：大量金色边框的运用彰显了欧式风格的奢华与贵气。

色彩运用

主题色：

背景色：

辅助色：

点缀色：

配色设计说明：金色玄关柜在大面积的米色和白色的调节下，很好地避免了空间给人带来的压抑感。

No.7 美式风格的色彩表达

美式风格有传统美式与新美式之分，传统美式风格多以茶色、咖啡色、浅褐色等大地色系作为主色，通过相近色进行呼应，使空间展现出和谐、舒适、稳重的氛围；而新美式风格则通常以暖白色或粉色系等干净的色调为主，再搭配灰色、黑色或咖啡色等素雅内敛的颜色作为第二主色，营造出鲜明、利落、时尚的空间氛围。

美式风格常用色彩速查

太妃糖色	米黄色
米褐色	玉米黄
灰泥色	蜂蜜色
奶油色	橄榄绿
金棕色	经典绿
驼色	康乃馨粉

色彩运用

主题色：

背景色：

辅助色：

点缀色：

色彩运用

主题色：

背景色：

辅助色：

点缀色：

配色设计说明：将米黄色运用于床品、墙面及窗帘，通过不同的材质体现出色彩的层次；深棕色家具的运用则为空间增添了稳重感。

大地色系

若想提升空间的古典韵味和厚重感，可以选用大地色系作为主色调。在运用时应尽量选择低明度、高饱和度的大地色系，也可适当增加色彩的使用比例。例如墙面、地面及家具都可以选用不同深度的棕色、米色、咖啡色或茶色等大地色，再通过不同材质的色彩表现来凸显层次，营造出一个古朴、厚重的美式风格空间。

配色设计说明：将不同深度的大地色运用于沙发、茶几、地毯、横梁及部分墙面中，通过它们自身的材质特点来体现色彩层次，使美式风格的色彩特点更加突出。

配色设计说明：运用米色作为空间的背景色，可以十分有效地调节大地色带来的沉闷感。

色彩运用

主题色：

背景色：

辅助色：

点缀色：

色彩运用

主题色：

背景色：

辅助色：

点缀色：

色彩运用

主题色：■

背景色：□ ■ ■

辅助色：■

点缀色：■ ■ □ ■

配色设计说明：咖啡色、驼色、褐色等大地色组成了卧室配色，展现出古典美式的厚重感。

色彩运用

主题色：■

背景色：□ ■ ■

辅助色：■ ■

点缀色：■ ■ ■

配色设计说明：以棕黄色为主题色的卧室空间，显得格外怀旧，使空间呈现出厚重、古朴的气质。

配色设计说明：以米色作为背景色，大地色作为主题色，简洁明了，搭配出经典的美式风格空间。

色彩运用

主题色：■

背景色：□ ■

辅助色：■

点缀色：■ □ ■

色彩运用

主题色：■ □

背景色：□ ■ ■

辅助色：■

点缀色：■ ■

大地色系+白色/奶白

大地色系与奶白色或白色的搭配是新美式风格中常用的配色技巧。以白色或奶白色作为背景色，棕色、咖啡色等相对厚重的色彩作为主题色或辅助色，可营造出明快又稳重的空间氛围；若与米色调相搭配，则会使整个空间的色调过渡更加平稳，让整个空间更加柔和、舒适。

色彩运用

主题色：

背景色：

辅助色：

点缀色：

配色设计说明：白色的背景下，使深浅不同的大地色显得更加柔和，也让整个空间更加舒适。

色彩运用

主题色：

背景色：

辅助色：

点缀色：

色彩运用

主题色：

背景色：

辅助色：

点缀色：

配色设计说明：整个卧室空间内，白色的分布十分合理，使整个空间的色彩基调更加轻盈，也更有层次。

色彩运用

主题色：

背景色：

辅助色：

点缀色：

配色设计说明：棕色与浅木色的运用，让空间的基调更加稳重，白色元素的融入则为空间注入了几分清新、明快的感觉。

色彩运用

主题色：

背景色：

辅助色：

点缀色：

配色设计说明：以棕红色为主题色的书房空间，吊顶、地面及小型家具中白色的运用使整个空间的配色更有层次感。

配色设计说明：以奶白色作为空间的主题色与背景色，再搭配适量的暗暖色，使整个空间的古典气质油然而生。

大地色系+粉色系

大地色系与粉色系搭配，可以塑造出一个颇具浪漫氛围的美式风格空间。例如选用粉红色、粉蓝色、粉绿色或紫红色作为空间立面的主色，再搭配带有自然木色的地板或家具，为整个甜美的空间注入一丝温馨沉稳的气息，既弱化了粉色调的虚无缥缈，又能让人感受到美式风格的踏实与自然。

色彩运用

主题色：

背景色：

辅助色：

点缀色：

色彩运用

主题色：

背景色：

辅助色：

点缀色：

配色设计说明：以棕色作为地板的颜色，再搭配轻柔的淡粉色窗帘、床品及墙漆，使整个空间都散发着甜美、温馨的气息。

色彩运用

主题色：

背景色：

辅助色：

点缀色：

色彩运用

主题色：

背景色：

辅助色：

点缀色：

配色设计说明：粉红色桌旗的点缀，为古朴、雅致的空间配色增添了活跃与热烈的气息。

配色设计说明：沉稳、古朴、厚重的空间配色中，几株紫色花草的融入，给人带来一丝惊艳之感。

色彩运用

主题色：

背景色：

辅助色：

点缀色：

色彩运用

主题色：

背景色：

辅助色：

点缀色：

大地色+绿色

美式风格中对于大地色与绿色的运用有别于田园风格，应以大地色为主色，来彰显美式风格厚重、宽大、自然的特点。例如以棕色、咖啡色、茶色或米色作为空间的背景色与主题色，而绿色仅体现在窗帘、抱枕、坐垫、地毯等软装元素中，这样既不会破坏空间的整体感，又能给传统的美式风格带来新鲜感。

色彩运用

主题色：

背景色：

辅助色：

点缀色：

配色设计说明：棕黄色与草绿色相搭配，既突出了美式风格的厚重，又增添了几分自然的清新感。

色彩运用

主题色：

背景色：

辅助色：

点缀色：

色彩运用

主题色：

背景色：

辅助色：

点缀色：

配色设计说明：绿色与棕色、金色相搭配，凸显了古典美式风格奢华、古朴又亲近自然的特点。

色彩运用

主题色：

背景色：

辅助色：

点缀色：

配色设计说明：从米色到棕色的大地色系组合，再搭配绿色，传达出一种放松、朴素、柔和的自然气息。

色彩运用

主题色：

背景色：

辅助色：

点缀色：

配色设计说明：墙面淡淡的黄绿色自然、舒适，搭配家具的深棕色，将淡雅、细腻的感觉表现得淋漓尽致。

单一色调

单一色调并非只用一种色彩，而是将同一色相中的2种或3种颜色重复运用，产生和谐律动感的同时，也使整个空间更加融合，更有整体感。

色彩运用

主题色：

背景色：

辅助色：

点缀色：

配色设计说明： 整个卧室空间的大面积用色不超过4种，却通过不同的材质，营造出一个和谐、舒适又有韵律感的色彩空间。

色彩运用

主题色：

背景色：

辅助色：

点缀色：

配色设计说明： 简单的色彩运用，搭配出一个淡雅、细腻的空间印象，彰显了美式风格精致、低调的特点。

色彩运用

主题色：

背景色：

辅助色：

点缀色：

色彩运用

主题色：

背景色：

辅助色：

点缀色：

配色设计说明：白色与米色简洁大方，勾画出一个舒适、自然的现代美式风格空间。

色彩运用

主题色：

背景色：

辅助色：

点缀色：

配色设计说明：同色调的家具、地毯、墙面，使整个空间的设计搭配得更有整体感。

无彩色+暗暖色

新美式风格中习惯运用黑色、灰色、咖啡色、茶色来体现空间的时尚感。通常以轻柔干净的浅色为主调，如米白色；再运用灰色、黑色、咖啡色等内敛的色彩来装饰吊顶与地面，与白色形成鲜明的对比，从而营造出一个利落、时尚的美式风格空间。

色彩运用

主题色：

背景色：

辅助色：

点缀色：

色彩运用

主题色：

背景色：

辅助色：

点缀色：

配色设计说明：白色与咖啡色相搭配，让整个空间更加舒适、自然。

色彩运用

主题色：

背景色：

辅助色：

点缀色：

配色设计说明：传统厚重的家具色彩与浅色的背景色完美搭配，深浅适宜，和谐舒适。

色彩运用

主题色：■

背景色：□ ■ ■

辅助色：■

点缀色：■ ■ ■

配色设计说明：以深棕色为主题色，米色、白色、棕黄色为背景色，营造出一个厚重、古朴的传统美式风格空间。

色彩运用

主题色：■

背景色：□ ■

辅助色：□ ■

点缀色：■ ■ ■

配色设计说明：充分利用黑色、白色、灰色的对比，来缓解暗暖色的沉闷感，让整个空间的配色更有层次。

No.8 北欧风格的色彩表达

北欧风格善用原木色与黑色、白色、灰色、绿色、蓝色等多种色彩进行搭配，整体配色活泼、明亮，给人以干净明朗的感觉。

北欧风格常用色彩速查

嫩绿色	太妃糖色
苹果绿	米褐色
自然绿	灰泥色
中国蓝	黑色
孔雀蓝	白色
明黄色	灰色

色彩运用

主题色：

背景色：

辅助色：

点缀色：

配色设计说明：明亮的黄色、鲜艳的红色、低调的灰色、明快的白色，组成一个和谐舒适的待客空间。

色彩运用

主题色：

背景色：

辅助色：

点缀色：

原木色

原木色多通过木质家具、木地板、木饰面板等元素呈现出来。在运用原木色作为空间主色时，通常会选用大面积的白色或浅色作为背景色，再以原木色来减缓白色或浅色带来的冷意，衬托出悠闲舒适的风格特点。

配色设计说明：原木色的温润与雅致，让以白色为背景色的空间显得格外柔和，从而打造出一个温馨、舒适的休闲角落。

色彩运用

主题色：

背景色：

辅助色：

点缀色：

色彩运用

主题色：

背景色：

辅助色：

点缀色：

配色设计说明：原木色体现在家具中，搭配灰色、白色，营造出一个舒适、细腻的空间。

色彩运用

主题色：

背景色：

辅助色：

点缀色：

配色设计说明： 将木色运用于地板，给整个以浅色调为主的空间增添了稳重感与暖意。

色彩运用

主题色：

背景色：

辅助色：

点缀色：

配色设计说明： 木色小家具的运用，既是点缀也是辅助，让整个空间都流露出温暖、祥和的气息。

色彩运用

主题色：

背景色：

辅助色：

点缀色：

绿色

北欧风格中多以青绿色、黄绿色或茶绿色等浊色调或淡浊色调作为原木色的配色。木色与绿色同属于低饱和度、中明度的色相，两者搭配自然和谐，若融入适当的米色、咖啡色、乳白色等元素，便能体现出北欧风格自然悠闲的美感。

色彩运用

主题色：

背景色：

辅助色：

点缀色：

配色设计说明：绿色的墙面在木色及蓝色的衬托下，使整个空间的氛围显得更加悠闲、自在。

配色设计说明：明快的绿色作为沙发墙的背景色，与米白色的沙发形成鲜明的对比，让整个空间的配色显得更加明快、和谐。

色彩运用

主题色：

背景色：

辅助色：

点缀色：

色彩运用

主题色：

背景色：

辅助色：

点缀色：

色彩运用

主题色：

背景色：

辅助色：

点缀色：

配色设计说明：以白色为背景色，绿色作为点缀搭配，让整个休闲空间的色彩明快又有几分柔和的感觉。

色彩运用

主题色：

背景色：

辅助色：

点缀色：

配色设计说明：绿色、木色、白色、灰色组成的餐厅配色，简洁明快，具有一种典型的自然美感，使人心情舒畅。

蓝色

北欧风格中，蓝色通常与白色、灰色、黑色或原木色进行搭配运用。可以根据所要营造的氛围来调整蓝色的饱和度、明度等属性。若要营造柔和、纯净的空间氛围，可以选择淡浊色调的蓝色与白色或浅灰色进行搭配；若想要营造简洁、舒适的空间氛围，则可以选用饱和度相对高一些的蓝色与白色、灰色、原木色进行搭配。

色彩运用

主题色：

背景色：

辅助色：

点缀色：

配色设计说明： 以木色、白色作为餐厅的主题色，给人一种舒适、温馨的空间印象，蓝色元素的加入则为空间注入了纯净、明快的色彩感觉。

色彩运用

主题色：

背景色：

辅助色：

点缀色：

配色设计说明： 蓝色调的坐椅及装饰画成为整个空间最亮眼的装饰，与墙面淡淡的黄色形成一定的对比，让用餐空间的配色明快又不失柔和感。

色彩运用

主题色：

背景色：

辅助色：

点缀色：

色彩运用

主题色：

背景色：

辅助色：

点缀色：

配色设计说明： 低饱和度的灰蓝色给空间带来舒适、内敛的色彩印象，木色及其他色彩的融入，则让整个空间更加舒适、自然。

色彩运用

主题色：

背景色：

辅助色：

点缀色：

白色+黑色+棕色

白色与黑色的组合是北欧风格中比较经典的配色手法之一，色彩对比强烈，能够使北欧风格的极简特点更加突出。在运用时，通常以白色作为背景色和主题色，而黑色则作为辅助色和点缀色使用。若想柔化黑白对比的强烈感，可以适当融入一些棕色来增添空间的温润感。

色彩运用

主题色：

背景色：

辅助色：

点缀色：

配色设计说明： 黑白两色的对比明快又简洁，棕色木质茶几的加入，在一定程度上弱化了这种感觉，使空间显得更加温和。

色彩运用

主题色：

背景色：

辅助色：

点缀色：

色彩运用

主题色：

背景色：

辅助色：

点缀色：

配色设计说明： 黑色与棕色相搭配，让空间更有坚实感的同时又不失温暖，白色的加入则让空间的配色更有层次，更显张力。

白色+灰色+棕色

棕色与白色、灰色进行搭配，一来可以使视线清爽无压力，二来可以有效衬托棕色，让空间更有层次感。在进行实际配色时，可以选用白色来装饰墙面及吊顶，以降低棕色的木质元素给人带来的烦躁与压迫感。

色彩运用

主题色：

背景色：

辅助色：

点缀色：

配色设计说明：白色与灰色的对比比较柔和，棕色的加入则更能让人感到温馨与舒适。

色彩运用

主题色：

背景色：

辅助色：

点缀色：

配色设计说明：棕色的地板及餐桌为空间提供了一定的稳重感，深灰色与白色的明快也让空间的配色更有层次。

色彩运用

主题色：

背景色：

辅助色：

点缀色：

无彩色+黄色

黄色的明亮感与温暖感可以有效弱化黑、白、灰3色给空间带来的素净与冷清。例如在一个以黑白为主色的环境中，黄色的加入可以有效地为空间增添跳跃感，同时与自然的原木色色温相符，既能延伸出丰富的层次感，又不会显得过于突兀。

配色设计说明：明亮的黄色为浅色调的空间注入了一份活跃的气息。

配色设计说明：黄色与灰色、白色所形成的鲜明对比，让整个空间都洋溢着愉悦的气息。

色彩运用

主题色：

背景色：

辅助色：

点缀色：